THE CODE OF
THE EXTRAORDINARY
MIND

生 而

迈向卓越的
10个颠覆性思维

不

[马来西亚] 维申·拉克雅礼 —— 著
Vishen Lakhiani

陈能顺 —— 译

**10 Unconventional Laws
to Redefine Your Life and Succeed
on Your Own Terms**

凡

图书在版编目（CIP）数据

生而不凡：迈向卓越的10个颠覆性思维/（马来）维申·拉克雅礼（Vishen Lakhiani）著；陈能顺译 . 一北京：机械工业出版社，2018.7（2024.6重印）

书名原文：The Code of the Extraordinary Mind: 10 Unconventional Laws to Redefine Your Life and Succeed on Your Own Terms

ISBN 978-7-111-60296-5

I. 生… II. ① 维… ② 陈… III. 思维形式 IV. B804

中国版本图书馆CIP数据核字（2018）第128815号

北京市版权局著作权合同登记　图字：01-2018-2229号。

Vishen Lakhiani. The Code of the Extraordinary Mind: 10 Unconventional Laws to Redefine Your Life and Succeed on Your Own Terms.

Copyright © 2016 by Vishen Lakhiani.

Simplified Chinese Translation Copyright © 2018 by China Machine Press. Published by agreement with Sterling Lord Literistic, through The Grayhawk Agency Ltd. This edition is authorized for sale in the Chinese mainland (excluding Hong Kong SAR, Macao SAR and Taiwan).

No part of this book may be reproduced or transmitted in any form or by any means, electronic or mechanical, including photocopying, recording or any information storage and retrieval system, without permission, in writing, from the publisher.

All rights reserved.

本书中文简体字版由光磊国际版权经纪有限公司授权机械工业出版社在中国大陆地区（不包括香港、澳门特别行政区及台湾地区）独家出版发行。未经出版者书面许可，不得以任何方式抄袭、复制或节录本书中的任何部分。

生而不凡：迈向卓越的10个颠覆性思维

出版发行：机械工业出版社（北京市西城区百万庄大街22号　邮政编码：100037）	
责任编辑：王钦福	责任校对：李秋荣
印　　刷：固安县铭成印刷有限公司	版　　次：2024年6月第1版第12次印刷
开　　本：170mm×230mm　1/16	印　　张：19.75
书　　号：ISBN 978-7-111-60296-5	定　　价：59.00元

客服电话：(010) 88361066　68326294

版权所有·侵权必究
封底无防伪标均为盗版

献给我的家人:克里斯蒂娜、海登和伊芙。
你们是我生命中最重要的人。

献给我们的父母:莫汉和路琵,弗戈和莱卜芙。
谢谢你们教会我们慎思明辨,生而不凡。

The Code of the Extraordinary Mind
10 Unconventional Laws to Redefine
Your Life and Succeed on Your Own Terms

· 赞誉 ·

如果你愿意花时间阅读本书，并在生活中实践部分或全部内容，那么你的生命将会大不相同。我很想看到《生而不凡》这本书变成高中毕业生和大一学生的必读书目。试想一下，如果所有人都能接触到书中的知识和框架，学会追寻内在的快乐并不断发掘自己的生命潜能，那么我们的世界将会变成什么样。而这，便是《生而不凡》的目标。

——南希·菲利普斯（Nancy Phillips），演说家、畅销书《奋力向前》（*Pushing to the Front*）合著者

维申·拉克雅礼会让你质疑你所知的关于生命的一切。从快乐到健康，从目标到力量，这本书是极佳的人生向导，带你走向卓越，成为最好的自己。

——戴夫·阿斯普雷（Dave Asprey），生物黑客、防弹咖啡创始人兼执行官

本书寓教于乐，简明扼要，教你如何摆脱文化包袱，重获自由人生，成为本该成为的非凡之人。

——维珍（Virgin），名人及健康专家、《纽约时报》畅销书作家

维申·拉克雅礼的知识基础和将其清晰表述并加以实践的能力，超过我在该领域见过的任何人。

——杰克·坎菲尔德（Jack Canfield），
《纽约时报》畅销书《心灵鸡汤》系列合著者

我读过更早的版本……这是当代最好的个人成长书籍之一。尽情地享受他的智慧吧。如果你受到鼓舞和启发，请分享给他人。

——卡尔·哈维（Carl Harvey），网站 TheBigLife.com 创办人

这本书非同寻常。它将改变许多人的生活，因为它所谈论的话题涉及我们生活的方方面面。不仅如此，它还把所有内容整合进一个人人可用的系统框架里。一本结合科学和灵性的书，一本融合当代最为杰出之人故事和经历的书。我超级喜欢，强烈推荐。

——阿图罗·纳瓦（Arturo Nava），播客 Logra Tu Dream 创始人

在鼓舞人们自我升级和不断成长的道路上，维申的脚步不会停歇，而他找对了方向——人的思维。毫无疑问，他也将在世间留下属于自己的痕迹。

——汤姆·克罗宁（Tom Cronin），无声项目（The Stillness Project）创始人

可以说，这本书超乎想象。有了拉克雅礼所提供的自我潜能探索蓝图，我们不必大费周折，跑到西藏的山洞里苦思冥想。他以一种极其诚恳、谦逊和亲密的口吻，用当代语言将过去的事向我们娓娓道来。与此同时，书中内容非常务实，部分取材于作者17年里所经历的17份工作，从洗盘子到创办（和失去）公司。

——米格尔·康纳（Miguel Conner）

你的生活并非偶然，所有的经历和体验都由你一手塑造。如果你对现在

的境况不甚满意，那不妨将你不想要的部分摧毁重建。对此，维申提供了详细的行动指南。按照书中内容一步步实践，你的生命将会充满更多阳光和快乐，少一些阴云和紧张。你的成就，将超乎你的想象。这本书既然是为了你的完美生活而生，那不妨一同踏上这妙趣横生之旅。

——斯里库马·拉奥（Srikumar Rao），TED 演讲者、《你做好成功的准备了吗》(Are You Ready to Succeed) 和《快乐工作》(Happiness at Work) 作者

《生而不凡》是一本极具实操性的书。它会教你检测自己的思维模式，为你提供新的可能性，改变自我信念，并以价值观为基，带你走向更有意义感的美满人生。你不必为现在的自己所困，当你打开心扉，拥抱新的可能时，你将和更好的自己不期而遇。

——迈克尔 F. 凯（Michael F. Kay），Forbes.com

这本人生指导手册，会带领读者一起揭开心智世界中各种"我应该"的假面具，在拉克雅礼所命名的普世规则世界之中，看见"胡扯规则"背后的错误逻辑。拉克雅礼，教育类公司 Mindvalley 创始人，通过自己的亲身经历，和他的名人朋友（包括阿里安娜·赫芬顿、埃隆·马斯克和肯·威尔伯）的故事，向我们传递出一则重要信息——挣脱胡扯规则并重塑现实认知，是我们迈向卓越人生、收获快乐和意义感的充分条件。他的"超越练习"包括感恩、原谅、自爱和积极想象，并将失败和困难看作宝贵的成长机会。有时候，这些经历和故事看上去离一般读者很远。拉克雅礼曾对自己许诺，如果他"接连两周早上醒来都不愿意去上班，那么他应该辞职，再考虑别的工作"——心态乐观，但并非所有人都能做到。不过，作者所提出的三大问："在这一生当中，你想要体验什么样的经历""你想要如何成长""你想要如何做出贡献"，的确值得我们每个人去思考。

——《出版人周刊》

The Code of the Extraordinary Mind
10 Unconventional Laws to Redefine
Your Life and Succeed on Your Own Terms

· 目 录 ·

赞誉

译者序　生命终将成为那最本真的模样

序　阅读须知：这是一本非典型书籍

前言

第 1 部分　生活在普世规则里
你如何被你周围的世界所塑造_____

第 1 章　超越普世规则
学会质疑我们所处世界的种种规则 / 004

第 2 章　质疑胡扯规则
认识到世界运作方式大部分是基于代代相传的胡扯规则 / 023

第 2 部分　觉醒

选择属于你的版本的世界_____

第 3 章　练习意识工程

学会通过有意识地接受或拒绝普世规则从而加速我们的成长 / 054

第 4 章　改写现实认知

学会选择和更新我们的信念 / 078

第 5 章　更新行为方式

学会持续更新行为方式从而获得美丽人生 / 107

第 3 部分　将自己重新编码

蜕变你的内在世界_____

第 6 章　改造现实世界

学会进入人类究极状态 / 132

第 7 章　实践快乐自律

学会保有天天开心的状态 / 150

第 8 章　创造未来愿景

学会如何确保我们所追寻的目标将真正助力于长期的福祉 / 172

第 4 部分　迈向卓越
改变世界_____

第 9 章　修炼强大内心
学会对抗恐惧 / 198

第 10 章　踏上未来征途
学会将一切融会贯通并过上有意义的人生 / 217

附录 A　人生工具箱一
练习超越：将本书所有精华融入一项有力的个人练习 / 241

附录 B　人生工具箱二
随身锦囊 / 258

在线体验　创造属于你自己的账号
线上线下自由穿梭 / 279

参考文献 / 283
致谢 / 286

The Code of the Extraordinary Mind
10 Unconventional Laws to Redefine
Your Life and Succeed on Your Own Terms

・译者序・

生命终将成为那最本真的模样

一年前，生命给我出了难题。

朋友说，你过得并不开心。一语戳中，即使佯装无事，心中也骗不过自己。周围人的不肯定，让我失去了热情和动力。我追寻着所谓的目标，艰辛跋涉。然而，心中升起无数疑问。那个地方，真的是我想去的吗？带着疑虑前进，如同身负重物，步履维艰。

上天是眷顾我的。

同事在国外的会议中遇见了维申·拉克雅礼（本书作者），并将其线上课程带回。出于工作缘故，我需要对这门课进行系统学习。上完课，我随即买了英文版的书来看。在咖啡店，一待就是一下午，我被书中内容深深吸引。

彼时，我有目标要实现，但过程很痛苦。我以为，我只要达到了终点，就会开心。但，并不是。刚抵达一站，又有下一站要出发，身心俱疲。维申说，我陷入了常见的"压力焦虑"状态——未来有目标，但当下不快乐。他提出另一种状态，"改造现实"——我有目标要追寻，而此时此刻的我，需要以快乐自律。把快乐的权力拿到自己手中，停止"只有实现某目标后，我才快乐"的说辞。反之，将当下的积极情绪，注入目标实现过程的每个瞬间。快乐，就现在。

更多的思维冲击还在后头。

当我读到"终极目标"和"自给自足式目标"的概念时，我发现，在过去，我追寻着错误的目标。所谓错误，并非绝对意义上的错误，而是我误把社会普适价值观，认作我的目标。我真心想要追寻的地方是哪儿？不是别人告诉我，我应该去的地方，而是我每每想起，都会激动不已、愿意义无反顾前往的地方。那是我之所以来到这个世界、走这一遭的真相。

如何衡量我的人生？答案和标准，在我手中，不在别人手中。找到真正属于自己的路，是一件足以热泪盈眶的事情。书至末尾，维申为我提供了一项整合书中所有精华的灵性练习，叫作"六阶段"冥想，包括怜悯、感恩、原谅、未来梦想、完美一天和更高力量六大部分。按照引导，我开始每日练习。

我开始感受，我与自己、我与他人、我与宇宙的深刻联结。过去，我以为，我只是大海里的一朵浪花。生命短暂，稍纵即逝；一如蜉蝣，朝生夕死。后来，我发现，我即是大海，大海即是我。整体与个体，息息相生，不可分离。我开始感恩，感恩生命中的每一件事，无论大小；感恩遇到的每一个人，不管是怎样的一番际遇。谢谢生命的河流，不断带领我，去到我应该去的地方。

我开始原谅，原谅我的父母、我的朋友、我的同事、陌生人，还有，自己。这是一项清理工作，太多奇形怪状的情绪，堆积在身体里，堵塞而不流动。后悔、懊恼、愤怒、自怜、悲伤，种种。放不下的过去，不断在脑海中重温，以激烈的方式反复冲刷。当我真正放下时，汹涌的海面，才重归平静。我开始理解我的父母，理解他们的局限，同时深刻地知道，他们已经尽力了。我不再使用"事情本该这样，不应那样"的语言。或是，"你为什么这样对我""这件事为什么会发生在我身上""我当时为什么会这样做",诸如此类。

我的生命有了更多晴天。走路,也时不时会蹦跳起来。所言非虚。更让我惊喜的是,翻译本书的机会,不知怎的,从天而降。虽说是幸运,但也未尝不是冥冥之中自有安排。如今,你遇见了它。

或者说,它遇见了你。你们,又将会有怎样一段的故事?

我期待故事里的精彩。

陈能顺
2018 年 6 月于北京

The Code of the Extraordinary Mind
10 Unconventional Laws to Redefine
Your Life and Succeed on Your Own Terms

· 序 ·

阅读须知：这是一本非典型书籍

我不太愿意把这本书叫"个人成长类"书籍。事实上，它更像一本"个人破坏类"书籍，本书会轰炸你固有的人生观、世界观和价值观。有些观念可追溯至上千年前，就像一颗颗思想的毒瘤，亟待去除。

这意味着在你接下来几个月的阅读时间里，毒瘤会被你接二连三地发现和挖出。你会渐渐地了解到，许多信念和过往的决定并非你主动选择的结果，而是无意识的阴差阳错。而那时，你各方面信念也许会悄然改变，对于关系、职业、目标和灵性。

本书不仅要轰炸你的世界观，而且要重塑它，让你脑袋里的世界发生翻天覆地的变化。简单来讲，本书为觉醒而生。一旦你知道了本书所揭示的那些模式，你便再也不能对其置若罔闻。你究竟会爱上本书，还是讨厌本书，这取决于你的世界观。这是故意而为之。我们要么在苦痛中变得强大，要么在开悟中得到成长。漠不关心的冷淡态度，只会让你故步自封、裹足不前。

本书除了所包含的思想之外，还因为以下几点脱颖而出：

新颖词汇：本书为英语贡献了 20 多个新词汇。为了向你介绍新的概念和工具，我不得不创造新的词语来描述（有时是为了幽默）。文字的力量不容小觑，是它们影响着我们看待世界的方式。一旦我们理解了这些词语，你对特定事物的认识也将随之改变。

线上体验：本书还附带对应定制化的软件，里面包含着好几个小时的附加内容、练习方法和培训课程，不一而足。如果你喜欢本书中我所提到的任意一位思想家的想法，比方说彼得·戴曼迪斯（Peter Diamandis），你便可以在软件上看到我对他的全部采访视频，从而深入了解。如果你真的很喜欢我所分享的某项技巧，你可以在软件上获得我的辅导视频，带领你进行练习。你可以在线上体验中发现海量精美图片和各种绝妙想法，所有的这些你用电脑、安卓手机、苹果手机都可以获得。你既可以花几个小时阅读本书里的内容，也可以用几天时间好好琢磨完整版。一切尽在 www.mindvalley.com/extraordinary。

学习平台：就像我写的一样，本书是一本关于质疑生活里种种观念和习惯的书籍。于是，我开始把质疑的箭头瞄准传统书籍。我发现传统书籍的一个问题是，读者与读者之间、读者与作者之间很难进行互动。我决定通过本书解决这个问题。我让我的团队研发了一个社交学习平台，在这个平台上，作者和读者可以相互接触、共同学习。这在当下还是件新鲜事，你不仅可以和其他读者互动、分享想法，甚至还可以和我直接沟通。只要你报名了线上体验，你便可以在手机或电脑上通过登录 www.mindvalley.com/extraordinary 里的线上课程链接到社交学习平台。或许，这会让本书成为历史上最为"科技控"的一本书。

学习方法：本书所用之学习方法被我称作"意识工程"。一旦你理解了意识工程，书中的每一个想法都能串联起来。不仅如此，你还会学到如何进行高效学习。在你读完本书之后，你每读到一本自我成长类书籍，你都能快速且透彻地理解其中思想。

写作风格：我记得好几次对我影响深远的对话，大多是和朋友小酌几杯之后，在一种轻松惬意的氛围里发生的。我们彼此坦诚相待，一杯葡萄酒下肚，便一起聊人生，谈生意。我超爱在餐巾纸上涂涂画画，来解释各种想法和点子。我把这种轻松真诚的风格也带进了本书，所以你会看见各种涂鸦式的插图，和我个人经历的真实分享。我从未想过我会把这些东西公之于众，但是我之所以在这里写下来，是因为如果其他人能从我所走过的弯路中有所感悟和收获，则为大幸。

名人采访：本书包含了长达200多小时和众多极具世界影响力人物的采访，阿里安娜·赫芬顿（Arianna Huffington）、狄恩·卡门（Dean Kamen）、理查德·布兰森（Richard Branson）、彼得·戴曼迪斯、迈克尔·贝克威斯（Michael Beckwith）、肯·威尔伯（Ken Wilber）等。我和这些人有过好几个小时的一对一采访，采访内容穿插在各个章节之中。这些人的思想就像布满夜空的璀璨繁星，撒入本书的文字之中，等你遇见。

四书合一：你我时间宝贵，我不喜欢那种用上万多字只讲一个简单概念的个人成长书籍。我不会抓着某一个概念大谈特谈，这对于理解能力强且忙碌的读者来说，只是浪费时间。所以，本书为你奉上真正的干货，它们像珍珠一样紧紧串联着，闪烁出迷人的光彩。本书共4个部分，每个部分其实都可独立成书，也就是4本书。不过把它们融合在一起，它们便是一套完整的生活哲学。我的目标是以最有趣的方式和最少的时间，传递出最多的智慧。

联系我： 我超级喜欢和我的读者们保持联系。

Facebook.com/vishen

Instagram.com/vishen

Twitter.com/vishen

（加上 #codeXmind）

我的网站： 了解关于我和我工作的更多信息。

MindvalleyAcademy.com

VishenLakhiani.com

Mindvalley.com

The Code of the Extraordinary Mind
10 Unconventional Laws to Redefine
Your Life and Succeed on Your Own Terms

· 前言 ·

平凡之人,也有不平凡的活法。

——埃隆·马斯克(Elon Musk)

我就要登台演讲了。但这并不是一般的舞台,这是位于亚伯达省卡尔加里市的特别活动。我被安排到了最后一位,这个席位是专为那些名不见经传的演讲者所准备的。在我之前,已经有一连串有名头的厉害人物轮番登场:某位黄袍披身、字字珠玑的禅师;曾任南非总统兼诺贝尔奖获得者德克勒克(F. W. de Klerk);维珍集团创始人理查德·布兰森;接着是美捷步(Zappos)CEO谢家华。

到了第3天,最后轮到我出场。其实我是一个补空缺的,不是那种能吸引很多人来的大牌明星,而是那种主办方没钱请大牌了所以拿我做备胎的。

我登上了舞台。这是我见过观众最多的一次,大家翘首以盼,等着我发言。因为紧张,所以我在上台之前悄悄在大堂吧台那里咽了一口伏特加,以安抚自己紧张的小心脏。破旧的牛仔裤和露在外头的衬衫,将自己的时尚品位暴露无遗。那年我33岁。

在台上，我和大家分享了一个对我来说非常宝贵的想法，关于如何看待人生、目标、快乐和意义。到最后，我竟发现观众们笑泪相加。更惊喜的是，在演讲结束之后，观众把我评为了"最佳演讲者"。紧跟着的是美捷步的谢家华。简直是难以置信，要知道同台演讲的人可都是大名鼎鼎的人物，而我的演讲经验少之又少。我居然比那位禅师的票数还要多，为此我还洋洋得意了一番。不过人家对此估计毫不在意，毕竟人家被尊称为"大师"，而我仅仅是"先生"。

那天，我分享了什么叫作拥有卓而不凡的人生。要拥有卓而不凡的人生，靠的不是运气，苦干蛮干也不成，也绝非练就一项独门绝技就可以获得。不过，这也的确有迹可循、有法可依。这套方法论就像电脑代码一样，每个人都能学习和应用，并编码出卓而不凡的人生。

它并不是为少数人所设计，而是为普罗大众而生。世界各地的学校用以教导学生，企业公司用以培训员工，各个国家的人们用它来探寻生命的意义和福祉。我结合自己血和泪的经验教训以及对世界上那群最卓而不凡之人的仔细研究，总结出了这一套方法。

尽管我的演讲视频长达近1个小时，但是它在YouTube上的点击量接近了50万。有人建议我写一本书，不过当时我感觉自己还没有准备好。我只是个无名小卒。写一本书？说笑了。

3年之后，某件事改变了我的想法，那是在内克尔岛上的一次派对。派对结束，等到其他人都走了之后，我得以找到时机和理查德·布兰森单独聊天。我和他分享了自己的一些想法和理论，关于他以及其他那些卓越之人为什么如此成功。布兰森转而对我说："你应该写一本书。"布兰森不仅是我所尊敬和崇拜的企业家，而且因为他的书《致所有疯狂的家伙》（*Losing My Virginity*），他还是我最喜欢的作者。这句话恰好出现在我最需要的时候，就像一只有力的大手，在我背后轻轻推了一把。于是我开始着手构思本书。不过等到第 1 章被写出来，依然花了 3 年时间。现在本书已正式出炉，我非常荣幸地把它交到你手里。

我之所以和你们说这些，只是想说书中所传递的信息绝对不容小觑。这不是传统的个人成长类书籍。实际上，它不属于任何一种非虚构类书籍。它有着自己浑然一体的体系，为的是化复杂为简单。把那些庞大的概念，比如说人生意义、幸福快乐和成功秘籍，整合成各种框架和模型，让每个人都能理解和应用。就在撰写本书之际，我收到了一个视频。视频里，一位印度老师正在向数百名印度孩子教本书里的部分思想。

这些思想是真正的干货。如果你知道我的背景的话（不仅仅是书中所分享的那些），你就知道我能取得今天的成功实属幸运。上苍本应该让我举步维艰，在俗世生活之中庸庸碌碌下去。然而老天却对我多加眷顾，赐福于我，让我在跌跌撞撞之中闯出了自己的一片天地，包括：

- 将爱好（个人成长）变成了一家有着 50 万名学员、200 万名订阅者和一群狂热粉丝的公司，Mindvalley。
- 在没有引入任何商业投资或银行贷款的情况下创办了 Mindvalley，并将其打造为行业内最具创新力的公司之一。
- 为来自超过 40 多个国家的员工创造了一个无与伦比的工作环境，并被《公司》(*Inc.*) 杂志评选为 2012 年度最酷的办公场所之一。
- 有着幸福美满的家庭并育有两个美丽的孩子。
- 创办了我自己的节日 A-Fest；A-Fest 每年举办于世界上某个极具风情的地方，吸引了上千名人的参与，一票难求。
- 经历了灵性的觉醒并重塑了我对现实世界的认知。
- 慈善捐赠达数百万美元。

- 不可思议地获得撰写本书的机会，感谢罗岱尔出版集团（Rodale Inc.）！

毫不犹豫地告诉你，我的出身十分普通，我的人生本应十分平凡。在搬去美国之前，我从小在马来西亚长大。我一直把自己看成一个和低自尊做斗争的笨家伙，我差一点没能从密歇根大学毕业。就在1999年毕业后两年内，我非常荣幸地让自己被辞退了两次，创业失败两次，身无分文、穷困潦倒无数次。

在Mindvalley走上正轨之前，有好多创业想法都失败了。在我28岁之际，我不得不离开我理想的国度，搬回我父母的家。接下来的6年里，我和我的妻子都住在我父母的家里，经营着小生意，开着一辆小日产玛驰车。

就在卡尔加里演讲的前一年，我几乎都不敢奢谈实现我的梦想。我身上所背负的债务，比我不创业还要重。

然而在我32岁时，我的生命里出现了一次重大的转变，人生轨迹从此改变。

尽管自己的起点很一般，但这一切的发生也都合情合理。我的确有一个法宝，而这个法宝也是我用来搭建本书骨架的秘诀所在。凭借这个法宝，我得以让你和我一起从这个平凡世界跳出，活出自己的伟大。

若让我把这个法宝告诉你，也未尝不可。那便是像海绵一样向别人学习，并加以吸收和整合。我非常幸运有这种从各式各样的人身上学习的能力，无论是亿万富翁，还是寺庙僧人，我都可以对他们的智慧进行"编码"、重新解读和构建出用以理解世界的新模式。这是我的天赋所在。

在计算机领域，你也许会把这叫作"黑客"。在这里动词"黑"，是指把某个事物不断分解，直至核心深处，再将其重新组装变成比之前更好的。

这就是我要做的事情。我后天被训练成计算机工程师，但是我先天就带着一颗挑战生活的心。我能看见别人有时会忽视的模式,并以颠覆性的方式进行挑战。

我将在本书里和你分享 10 个颠覆性思维。这是我从自己和其他那些闪闪发光的思想家、领导者、创意家和艺术家们的经历中总结提炼出来的成果。在我从这些人身上不断学习的过程中,我的人生发生了翻天覆地的变化。我之所以能成为今天的自己,要感谢我在走投无路时坚持向离我一步之遥的人学习。我将他们的智慧纳入囊中,像小树苗一样汲取养分从而茁壮生长。接着,在我前进之后,我继续遇见新的人,继续向新的离我一步之遥的人学习。日复一日,年复一年。

直到我甚至有机会向埃隆·马斯克、彼得·戴曼迪斯、阿里安娜·赫芬顿和肯·威尔伯之类的大佬们学习。你不仅可以在书中找到他们的智慧,还有更多更多。200 多个小时的采访,50 多位卓越之人,教你如何活出自己本真的模样,闯出属于自己的世界。

同时,我创办了 Mindvalley,将其打造为全世界人类蜕变领域里最领先的公司之一。我们拥有 200 多万名订阅者,在全球个人成长领域最前沿的思想浪潮中独领风骚。Mindvalley 庞大的人际网络和所带来的思想及智慧,在撰写本书时,又给我增添了一项独特的优势。

我的天赋在于整合这所有的思想和知识,将其变成一条简单的道路。沿着这条道路,你便有机会脱下身上重重的壳儿,展开翅膀,尽情翱翔,飞到你在小时候就一直梦想着的地方。

下面简要介绍整本书的框架和内容。

迈向卓越的 10 个颠覆性思维

这个世界有一双无形的手,操控着整个世界的运转。从人与人之间的交往，到祈祷、工作、恋爱、挣钱、亲子关系还有如何保持健康和快乐。职业发展初期，我作为计算机工程师没日没夜地待在电脑屏幕前研究代码。而现在，我对人类世界运转的代码更为着迷。并且请相信我，这个代码也是可以研究和重新编码的。

就像程序员可以通过理解程序语言来运行电脑程序从而完成特定的任务一样，你也可以将你的人生和周遭的世界进行再编码，从而去改善和提升你的生活方式及人生体验。

不过，首先你得知道这门程序语言。这便是本书的用处所在。

本书包括 4 个部分，共 10 个章节。每一个部分所要求的程序语言难度不同，代表着你不同等级的觉察程度。每一章节向你介绍一项定律，或者说颠覆性思维，将你带入更深层次的觉察。

第 1 部分——生活在普世规则里：你如何被你周围的世界所塑造

第 2 部分——觉醒：选择属于你的版本的世界

第 3 部分——将自己重新编码：蜕变你的内在世界

第 4 部分——迈向卓越：改变世界

这 4 个部分代表着你对于自己是谁和自己能做之事认知的递进。

下图会向你展现不同觉察程度下的不同阶段。

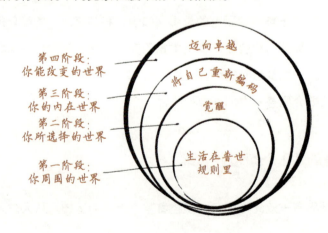

基于这 4 个部分，我将分享 10 条定律，每一条都以上一条为基础。这便是迈向卓越的 10 个颠覆性思维。

第 1 部分　生活在普世规则里：你如何被你周围的世界所塑造

这部分会考察我们所生活的世界，这个充满了各种混乱冲突的思想、信念和模式的世界。这些思想、信念和模式之所以被创造出来，只是为了保证我们处于安全和被控制之中。问题是，很多模式和规则早已过了有效期。在这部分，你将学习如何质疑你周遭世界的种种规则和教条，从你的宗教，到你对于职业、教育的看法。在这里，我们向你介绍第一和第二定律。

1. 超越普世规则。 我们将拨开普世规则的迷雾，迷雾中弥漫着人类集体规则、信念和习惯，比如那些教你如何在社会上立足、如何规划你的人生、如何去定义成功与幸福的规则和信念。追寻普世规则，你可以得到舒适和安逸。但我鼓励你跳出舒适圈，走向一条充满未知、冒险且趣味横生的自由之路。所有这些，从询问几个破坏性的问题开始。

2. 质疑胡扯规则。 在这里，你将学习如何去识别那些类似于胡扯的各种规则，就像已经过期的食物，但人们依然"食用着"。摆脱胡扯规则就像卸下身上的镣铐一样，你的灵魂得以解放。卓越之人对胡扯规则往往格外敏感。随着我们进一步了解胡扯规则是如何让我们画地为牢、作茧自缚的时候，你也会更加敏锐地将它们辨别出来。

第 2 部分　觉醒：选择属于你的版本的世界

随着你对普世规则中胡扯规则的质疑，你也将学会如何定义你自己的规则。在这里，我们将看一看你和世界之间的"交互界面"。哪些思想和价值观是你所选择相信的？哪些是你所不能接受的？你将学会如何有意识地吸收和接纳对你有用的信念、习惯和行为方式，并舍弃掉不再需要的旧信念、旧方式。帮助你做到这一点的工具和步骤被我叫作"意识工程"。

3. **练习意识工程**。在这里，你将学习黑客思维，并侦查到对你产生主要影响的关键信念、习惯及其影响方式。将信念看作"现实认知"，把习惯和反应看作"行为方式"。借由这两个工具，你将不断逼近自己的核心，看见那个最真实的自己，并学会通过这项强有力的成长和觉醒工具来重新塑造自我。

4. **改写现实认知**。这些是你从出生以来就在你大脑里根深蒂固的信念。许多正消耗着你的能量，让你陷入重复、麻烦、痛苦和平庸的生活状态之中。在这里，你将学习如何替换掉那些消极信念，并重新换上新的积极信念。这个世界是一面镜子，反射出来的是你自己的信念。想象一下，当你替换上了那些卓越之人所拥有的信念时，你的世界将会变成什么样子。

5. **更新行为方式**。你的行为方式是你日常生活中的行为习惯，从饮食到工作，从育儿到做爱。你会发现，新的行为方式层出不穷、五花八门。

这里的大部分内容，学校几乎都未曾教过。我们大多以一种次优的，甚至有危害的方式学习着，恋爱着，工作着，冥想着，教育着下一代。所以你需要学习觉察到它们，留意它们是如何控制着你的世界，进而加以优化，让其发挥更佳的效能。你也将学习如何安装更新版本的行为方式，让你的生命状态进一步提升。

到这里，便是本书的一半内容，接下来是另一半。

前一半讲的是你的外在世界。首先，如何打破既定的规则。然后，创造能给你带来更多成长和快乐的新规则。随着你越来越熟悉这些，下一步便是探索你的内在世界。如何才能蜕变你的内在世界？我们将给你的内在世界带来更美的秩序和平衡。

第3部分 将自己重新编码：蜕变你的内在世界

在第3部分，我们将以黑客的方式研究三观，包括生而为人意味着什么、快乐是什么、真正带给我们生命以意义感和自我实现的目标又是什么。我们也将学习如何"改造现实世界",即内在意识如何塑造外在世界。

6. 改造现实世界。这是一种最优的生命状态,在这种状态之下所有事情似乎都可以像变魔术一样奇妙发生,连幸运似乎也成了你的囊中之物。我遇见过许多卓尔不凡的人,似乎便在这种状态之下。有些是寺庙僧侣,有些是亿万富翁。我将详细分析这种状态,并与你分享,让你也可以达到这种状态。

7. 实践快乐自律。快乐是可以控制的,而快乐自律便是一种美妙的自律,以提升你每一天的快乐程度。我们将探索如何获得真正的快乐,让你在每一个当下享受逍遥和自在。

8. 创造未来愿景。我们大多数人在胡扯规则的教唆下,追逐着错误的目标,尤其是受到如今许多误导性目标设定工具的影响。我将向你展示如何设定真正能给你带来深层次快乐和意义的目标,把你引向真正精彩纷呈的人生。

第 4 部分　迈向卓越:改变世界

你已经学会了如何定义外在世界里属于自己的规则,也明白了如何保持内在世界里平衡积极的状态。接着在这部分,你将踏上新的台阶,走出去,真正去改变世界。只有在这个阶段,你才能真的说自己闯出了一片天地。你不仅仅掌握了控制内外世界的方法,你还需要通过这些方法去给世界带来积极的影响。在此之中,你需要知道两项秘诀:修炼强大内心和踏上未来征途。

9. 修炼强大内心。在这里,你将学习如何修炼自己的内心,直到别人对你的评价和你对失去的恐惧不再对自己造成困扰。改变世界并非易事,本章将向你分享如何穿越人生的风风雨雨。虽风雨兼程,但也无所畏惧。心之所向,素履以往;生如逆旅,一苇以航。

10. 踏上未来征途。在第 10 章,你将探寻自己的天命,询问生而为人的生命意义,并踏上改变世界的英雄之旅。我会分享一个简单的方式来让你做到"知天命",从而在你迈向卓越的路上助你一臂之力。

在你读完这 10 章,掌握了这十大招式之后,我不希望你将这一身功夫随着时间的流逝而渐渐荒废。所以,我将本书所有的思想和练习方法总结为一项简单的每日练习,供以巩固与精进,你可以在最后两个福利章节中找到。

福利章节:人生工具箱

练习超越。在这个工具箱中,我会和你分享一个 20 分钟的每日练习,叫作"6 阶段"。这是一项灵性练习,以帮助你巩固所学到的知识和方法,并加速你的觉醒。这是我目前所发现最有效的个人成长工具之一。

随身锦囊。在这个工具箱中,我将所有的关键工具和练习都聚集到一个地方,你可以直接获取并在生活中加以应用。

这两个福利章节也可以在"在线体验"中找到。你下载软件之后,即可获得更深入的采访视频,更多的培训资源和应用工具。你也可以加入在线学习社区,和我保持联系并与其他读者分享。所有的这些都是免费的,一切尽在 www.mindvalley.com/extraordinary。

我对你的承诺

你在书中所学到的思想和工具,是基于我多年和个人发展以及人类蜕变领域专家共事所总结出来的最佳结晶。

我会提供帮助你获得成功、喜悦和人生意义的工具，或许这便是你苦苦追寻的东西。我之所以认为这些工具管用，是因为我自己已经成功运用过很多次，并且通过各种各样的在线项目、应用程序和演讲，帮助着全球数百万的人一同学习和练习。本书是我第一次将所有的东西汇聚在一起的成果。

你会学习到彻底改变三观的各种思维模式。在每一章里，你还会学习到具体的工具方法，来实现你生命中身体和心灵的最大一次飞跃。

现在，让我们开始吧！

PART
第 1 部分

生活在普世规则里
你如何被你周围的世界所塑造

• The Code of the Extraordinary Mind •
10 Unconventional Laws to Redefine Your Life and Succeed on Your Own Terms

我们的周遭是一片由人类信念、思想和行为所组成的海洋。有的映照着蓝天白云，美不胜收；有的涌动着暗黑污流，恶臭熏天。就像鱼是最后一个觉知到自己遨游于水中一样，我们通常也是最后一个才发现自己遨游在海量的人类思想之中——我称之为"普世规则"：是这片海洋，影响着我们的生命。

普世规则规定了我们如何去爱、如何饮食、如何嫁娶以及如何获得一份工作。它设定了各种标准，来衡量我们的自我价值。如果你没有考上大学，你就是不够好的。如果你没有结婚生子，你就是不孝的。如果你没有加入宗教，你就是缺乏信仰的。如果你不从事某项工作，你就会没有好未来。

在这一部分，我们将潜入普世规则的海洋，探测那些你可能未曾看到的荒谬之处。

在第1章，你会看到普世规则如何用一系列的"应该"统治着你的生命。你应该这样做，你应该像那样生活。当你放下那一系列的"应该"之后，生命才会重新焕发活力，像一匹野马一样，驰骋在自由的草原之上。

在第2章，你将学会如何清除那些阻碍着你的过时规则，让它们不再对你和你的下一代产生影响，并决定以你自己的规则生活下去。我们将一

生活在普世规则里
第 1 部分

起看看那些最令人窒息的规则,关于工作、灵性、文化和生活,并以问题为石,敲碎规则的外壳,让真相露出。

这会是一次有趣的经历。从某种角度上看,会带有一点点争议性,因为我们将会挑战一些存在已2000多年的思维模式。但在你结束这段经历之后,你的世界将大不同。你将从普世规则中跳出,活在一个你自己认为对的和以你自己的愿景为基础的新世界。

第 1 章
超越普世规则
学会质疑我们所处世界的种种规则

> 从小到大，总有人和你说，世界就是这副模样，你便要在这样的世界里过活；不要碰壁太多次；要去拥有一个不错的家庭生活，找点乐子，存点钱。那是一种非常局限的生活。一旦你发觉一个简单的事实，生活会无比宽广。那就是围绕着你的叫作生活的一切，是由并不比你更聪明的人所创造的。而且，你能影响和改变这一切……一旦你明白了这点，你将不再是原来的自己。
>
> ——史蒂夫·乔布斯

宏伟气派的别墅里，绿油油的草坪在我脚下蔓延。华盛顿湖闪闪发光的湖面映衬出绝美的景致。不远处传来窸窸窣窣的交谈声，杯盏交错，斟酒庆贺。空气中弥漫着烧烤辛辣的香气。

别墅的主人比尔·盖茨就站在我身后。这位世界级富豪兼科技巨头，微软公司的传奇创始人，正和其他年轻宾客聊着天。

22岁的我刚成为微软实习生没几周，便在比尔·盖茨的别墅参加微软年度烧烤迎新会。那时，为微软工作和如今为苹果或谷歌工作一样令人激动，而我便是其中一员！

空气中弥漫着兴奋之情——我们就像霍格沃兹的学生第一次见到邓布利多一样。

我苦苦追寻这个目标已久，起先在高中刻苦学习以取得好成绩，争取被世界上最好的工学院之一录取。功不唐捐，我被美国密歇根大学录取，攻读电气工程与计算机科学专业。和其他亚洲国家一样，在我生活了19年的马来西亚，家人和老师通常会向你灌输长大后要做一名工程师、律师或医生的想法。孩童时期，我记得有人和我说，聪明的孩子长大后便要去当一名工程师、律师或医生。乖乖听话，便有好果子吃，不然则无，这便是我所在世界的运转方式。

然而悲伤的事实是，我很怕学院里的计算机工程课程。我真正想做的是一名摄影师或舞台演员。只有摄影和表演艺术才是我得到 A 的课程。但是根据游戏规则，摄影师或舞台演员根本是不被接受的职业。所以，我放弃了摄影和表演艺术，为编程让路。毕竟，我得实际一点、现实一点。考试成绩要好，工作薪水要高，上班朝九晚五，为健康退休生活省钱。这样下去我便会成为一名"成功人士"。

的确，成功开始向我招手。拜访比尔·盖茨的别墅，在微软公司工作，并遇到其鼎盛时期，一切如此奇妙，我感觉荣幸无比。我的老师为我欢呼，我父母为我骄傲，这让无尽的学习生涯和我的父母的牺牲变得值得。我已经做完了一切被要求去做的事，现在是时候收获回报了。时机已到，此刻我正站在比尔·盖茨的别墅里，看着我的职业生涯在我面前铺展开来。

但是内心深处，我知道有些地方不对劲。

1998年夏天，在那个命中注定的日子，我同时达成了两项成就：第一项，我开心地结束了漫长的学习生涯；第二项，我痛苦地发现我走上了一条完全错误的路。

看，我打心眼里不喜欢我的工作。在微软总部，我坐在我的私人办公室里，盯着电脑屏幕，数着一分一秒，盼着早点开溜。我是如此不喜欢这份工作，以至于比尔·盖茨就站在离我仅仅几米远的地方，被我的同事簇拥着，但是我内心羞愧，都不敢和他打声招呼。我感觉我不应该待在那里。

所以几周后，我辞职了。

好吧，其实我被炒鱿鱼了。

我胆子不够大，不敢主动辞职。我好不容易考上了顶尖工学院，又千辛万苦挤进了微软面试，万人过独木桥，最后进了我的同学们梦寐以求的公司。我都走到了这里，然后辞职，多少人会唏嘘不已。

所以，我紧接着做了件一个 22 岁的没有骨气的小子会做的"好事"。我故意把自己炒鱿鱼了。很简单，上班时我游手好闲，在办公桌上玩电脑游戏，好几次被抓个现行，直到我的经理逼不得已把我请走。正如他们所说，不听话的孩子，没有好果子吃。

我回到了大学，一瘸一拐地走向毕业的终点线。我不知道毕业后我要去做什么，微软这么好的香饽饽也吹了，几近愚蠢。

但结果是，从那里脱身是再明智不过的选择。我决定辞掉的不仅仅是一份工作（和一条职业路径），也是对一套为社会认可的标准的盲从。

普世规则的失灵

我之所以走自己的路，而不选一条现实且实际的路，不是因为做一名计算机工程师有什么错，而是因为我们仅仅盲从于我们出生后所在世界的规范或规则，便去做我们没有热情的工作，这是有问题的。

然而芸芸众生，大多如此。一项采访了超过 150 000 个美国人的盖洛普研究指出，70% 的被访者表示他们对他们的工作没有热情，表现为"怠工"。人之一生，一定的时间花在工作上，工作热情的缺乏可能导致我们度过一个毫无热情的人生。不过，不仅仅是我们对于职业的想法有时是错误的，生活的其他方面也是如此。思考一下这些附加的统计数据。

- 40%～50% 的美国婚姻以失败告终。
- 一份哈里斯民意调查显示，只有33%的美国人投票说自己"非常开心"。
- 基于美国全国广播公司财经频道（CNBC）报道，"一份由皮尤慈善信托基金会（Pew Charitable Trusts）发布的各世代负债情况最新报告发现，10个美国人，8个负债，而且最常见的原因是抵押贷款"。
- 根据美国疾病控制与预防中心的研究，超过1/3的美国成年人现在过度肥胖。

由此可见，我们的职业、爱情、财务和健康状态，都不容乐观。我们是怎么走到这番境地的？我们该如何逃离？

为什么会落得如此田地，原因纷繁复杂。但是我向你承认，罪魁祸首是规则的暴政——规则规定了我们"应该"以某种特定的方式生活，因为其他所有人似乎也都如此：

我应该选这份工作。

我应该和这人恋爱。

我应该考这所大学。

我应该修这个专业。

我应该住这座城市。

我的外貌应该这样。

我的感受应该那样。

不要误会我，人们有时候不得不接受他们不喜欢的工作，是为了维持生计。他们不得不住在他们一般不会住的地方，是因为这是他们那时所能付得起的全部，或者是因为他们得养家糊口。

但是，为生活所迫，和盲从设定好的你必须怎样生活的规则，这两件事大相径庭。闯出一片天的秘诀之一，便是知道哪些规则要遵循，哪些要打破。除去物理定律和社会法律，所有其他规则都值得去质疑。

为了理解这点，我们必须先了解这些规则为什么存在。

普世规则的源起

究竟是谁创造了现代世界的种种规则？为了回答这个问题，让我们来迅速看看人类历史起源。在极具吸引力的《人类简史》（*Sapiens*）一书中，历史学家尤瓦尔·赫拉利（Yuval Noah Harari）博士提出了一个观点，说在历史的某个特定时间点，地球上可能同时存在过 6 种不同的人类。除了我们的祖先智人，还有尼安德特人、梭罗人和直立人，等等。

但是时光流逝，所有其他人种比如尼安德特人，都逐渐灭绝，剩下智人成了我们的史前祖父祖母。

智人何以笑到最后？

赫拉利博士认为，我们最终主宰世界的原因，是在于我们对语言的使用。具体地说，是我们的语言比其他人种的更复杂。研究猴子的灵长类动物学家发现，猴子能给它们的族群警示危险，类似于说，"小心，有老虎！"

但是我们的智人祖先有着非常独特的大脑，相反，智人会说，"我今早在河边看到了一只老虎，我们先在这里放松一下，等老虎走了之后再去打猎。然后我们再去那边吃东西，你看行吗？"

我们的智人祖先能够有效使用语言来沟通复杂的信息，以最大化生存概率。语言不仅让我们得以组织群众、提醒危险和分享机会，还能创造并传授优良做法或习惯。沟通不仅仅类似于"在河岸哪里有浆果"这种简单信息，还有"如何采摘、洗净和保存它们，如果有人吃太多了怎么办，甚至谁要先吃、谁要多吃"这种复杂信息。语言让我们得以将知识传承下去，从一个人到另一个人，父母到孩子，先代到后代。

传承的力量不容小觑，因为后人可以站在前人的肩膀上继续前行。再复杂的信息，语言都可以点石成金，让其得以表达和传承。

不过语言的最大优势，是它让我们得以在大脑中创造一个全新的世界。我们可以用语言创造物理世界中不存在的事物，而单纯凭大脑去理解这些事物，比如形成同盟，组建部落，拟定族群内部与越来越大的族群之间的指导方针。它让我们得以创造文化、神话和宗教。不过另一方面，它也让我们因为这些文化、神话和宗教而发动战争。

我们思考的先进性，助以使用语言分享我们所知的能力，促进了世界上的诸多变化。事实上，这些变化具有革命性，赫拉利博士统称它为认知革命。

看不见的蓝色

如果你不相信语言是如何全方位地塑造我们以及我们的世界的话，接下来一些有趣的研究将展现它的威力。

古代文化里存在蓝色吗？美国科普电台曾播过《为什么天空不是蓝色的？》，提到了很久以前蓝色这个词在许多语言里并不存在。荷马在《奥德赛》中并没有用蓝色去描绘天空或爱琴海，而代之以深酒色。在其他古代典籍里，也没有出现过蓝色这个词。不然，这些典籍里会有大量的相关描述和视觉细节。

所以问题来了：你能看见词典中没有的事物吗？

研究员朱尔斯·达维多夫（Jules Davidoff）曾在非洲纳米比亚的Himba部落研究过该问题。Himba部落的词典里有很多不同的词来表达绿色，但唯独没有蓝色。

作为研究的一部分，研究员向部落成员们展示一圈方块。所有的方块都是绿色的，除了一个明显是蓝色的。如下图所示：

奇怪的是，当部落成员看着这幅图并被要求指出里面最不同的那个时，他们要么没办法选出蓝色方块，要么很长时间才选出来，或者是选错了。

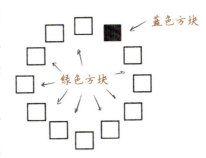

但是，类似地，当换成一圈绿色方块和一个色调略微不同（我们很多人难以辨别）的绿色方块时，他们立马就找到了那个不同的。

吾之易，非汝之易；吾之难，非汝之难。Himba部落的词典里没有蓝色这个词，所以不容易从一系列绿色方块中看见蓝色方块——这对我们大多数来说是小菜一碟。然而，他们的词典里有很多表达绿色的词语，所以能辨别出绿色的不同色调，而我们绝不会注意到。

所以，我们似乎更容易看见词典里已有的东西，而看不见词典里不存在的事物，我们的语言塑造了我们所"见"。

文化的双面性

语言所赋予我们的能力，是如此的不可思议。借由语言我们可退后一步，觉察我们的生活——寻找资源、评估风险和获取机会。不仅为自己谋优势，还将我们的想法共享给族人，为部落谋发展。借助语言的力量，我们变得越来越有觉察力，能未雨绸缪并战胜各种挑战，能解决各式各样的问题然后将这些解决办法传授给他人。语言，成了文化的基石。

而生活的条条框框不断发展并通过语言得以传承，最终成了主宰我们文化的种种规则。我们的文化帮助我们理解世界，快速处理事情，创造宗教和国家，教育后代让他们茁壮成长，不断发掘我们大脑的潜能而不止于苟活度日。

当然，反之，当我们太执着于我们的文化和规则时，我们便把它们变成了金科玉律。如果人们或流程不按照某些规则来，他们或它们便被贴上或好或坏的标签。你应该这样生活，你应该那样穿着；老弱病残、妇女儿童或"少数群体"应该这样被对待；我的部落比你的部落更优越；我的方式是对的，你的是错的；我的信仰是对的，你的是错的；我的上帝是唯一的上帝；不一而足。我们创造了这些复杂的词汇，然后不假思索地应用到生活中并让自己画地为牢。语言和规则定义了我们的文化，如同夏日暴雨，既送来了久盼的甘霖，让文化得以繁荣发展，也带来了肆虐的狂风，让我们作茧自缚不得脱身。

欢迎来到普世规则的世界

我们以各种观念和习惯作舟，在世界里一苇以航；我们每日活在大脑编织的网里，实际上造了一个新世界。从此，我们便脚踏于两个世界。

一个是绝对真实的物理世界。这个世界包含着我们都有可能达成一致的事物：这个是河岸，岩石是坚硬的，水是湿的，火是热的；老虎有大牙齿，咬到你时会疼，无可辩驳。

相反，另一个是相对真实的精神世界。这个世界弥漫着种种理念、想法、概念、模式、神话和规则，渐渐发展，代代相传，有的已过千年；婚姻、金钱、宗教和法律等概念是这里的长久居民。这是相对真实的，因为这些观念仅仅对于某个特定文化或部落是适用的。资本主义、民主主义、宗教信仰，和对于教育、爱情、婚姻、职业等其他每一个"应该"的观念，不过都是相对事实。很简单,因为它们不适用于所有人。

我把这个相对真实的世界叫作普世规则的世界。

从我们出生的那一刻起,我们便遨游在普世规则的世界里。在文化的潜移默化下,我们的大脑如同一张白纸,被写满了周围人的想法。周围人的想法塑造了我们对世界的种种信念,并决定了我们的生活方式。但有一个问题,周围人的想法很多是不管用的,然而我们却置之于高堂,奉之为圭臬。其实生活有无限可能,周围人的想法却如同一把枷锁,把我们锁进了相当局限的生活里。鱼儿终其一生遨游水中,故最后才察觉水之存在。类似,极少数人能察觉我们的第二世界即普世规则的世界之存在,但它无所不在,威力无穷。实际上,我们的思想并没有所想的那么独立和自由。

一个存在于我们头脑中的世界怎么会是真实的呢?想想我们所创造的种种抽象概念,它们的确不存在于物理世界,但对我们来说却非常真实:

> 绝对真实之世界以事实为基,普世规则之世界以观点和共识为基。
>
> 乱花渐欲迷人眼,尽管普世规则的世界仅存于脑中,但是它却是如此真实。

- 卡路里,虽然我们没办法描述,但是人们相信吃太多就会摄入太多卡路里。
- 冥想,虽然看不见、摸不着,但是超过 1400 项科学研究表明冥想有益身心,能延年益寿,增强创造力。
- 上帝,虽然大家对其定义各执一词,但上帝却以各种独特的方式广泛存在于人群中,并成为许多人类社会的基石。尽管有人知道上帝乃臆想之物,但其影响力丝毫不减。所触之数,成千上万。
- 公司,当你填完各种表格,拿到了一张纸,你便拥有了一个公司。虽然公司实际上在物理世界并不存在,但是那一张纸衍生出了一系列的条文和规定,让一群人得以聚集,共同创造他们没办法凭一己之力所创造的产品或服务。
- 法律，虽然不可见、不可触，不过是社会群体内部的约定，包括城市法规、州省例法和国家法律。但是因为法律，社会得以和谐运作。
- 婚姻，这是广泛存在的概念，规定了两个人彼此承诺，共度余生。而且不同文化里，这份承诺在身体、精神和财务层面上的定义各异。
- 退休，在许多文化里有一个概念叫作退休。到了特定的年龄，人们的生活将发生翻天覆地的变化。
- 国家，虽然地球上并没有画着实际的边疆，但是在谈判以重新划定时，国与国之间的界线异常清晰。而且，数亿之人生活在某个由边疆所划定的国家里。

我们创造并理解这些概念，借此，这些概念如同建筑师，建造了我们的世界。这些概念代代相传，或是箴言，继续引导我们前进；或是毒瘤，妨碍我们的生活而不自知。为了方便在复杂的世界里不费心力地生活，我们接受了许多普世规则的概念，并信以为真。然而问题是，许多普世规则已经过了有效期，且远超了有效期。

超越普世规则

既然生活中那么多东西是由我们的思想和信念所创造，那么许多我们所信以为真的东西（普世规则的所有概念、教条和"应该"）不过是历史美丽的巧合。对于大部分普世规则所规定的方式，我们既不能理性地去证明它是对的，也不能说它是唯一的。假作真时真亦假，我们所认作的真，都在我们脑袋里罢了。

为什么？正如史蒂夫·乔布斯所说，"围绕着你的叫作生活的一切，是由不比你更聪明的人所创造的"。一旦你明白规则并非绝对，你便学会换个角度看问题，跳出原有之视角，挣脱普世规则之枷锁。

当你觉察到你一直沉睡在自己的大脑世界里时，你便睁开了眼，成了大脑世界的主人。以其人之道还治其人之身，你同样能用你的理智去颠覆大脑世界里的种种信念、规则和教条。这些规则披着真实的外衣，实际上主宰着人类的行为模式和社会的运作方式。但是，真实的外衣却藏不住虚假的马脚。

普世规则如同滚雪球一样，威力不断增强，最后将我们说服，并把我们的生活变成了一个标准答案。如果你想要的生活平凡而安全，那么遵循标准答案是没问题的，无人责怪。问题来自于"安全"所引起的烦闷无聊，使得生活如同一潭死水，停滞不前。

生命之河湍流而下。童年时，我们一边学习成长，一边兴高采烈地前进。然而对于大多数人而言，一旦他们大学毕业，踏入职场，生命之河渐趋缓慢，成长停止，终成一湾死水。如果你把这个轨迹画成图的话，会长这个样子：

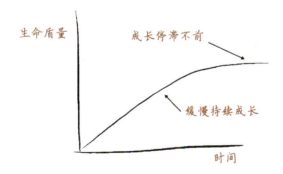

但是倘若我们重新定义生命之河，从上图到下图又会如何变化？

生活在普世规则里
第 1 部分

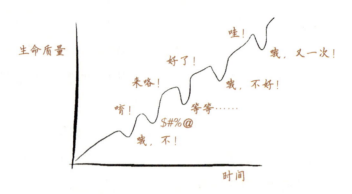

你会发现，原本缓慢而稳定的轨迹变得不规则，充满了起起落落。不一样，对吧？是不是生命之河本就不是顺流直下，而是充满了曲曲折折，起起落落？要不要把游泳圈放一边，体会一下真切而实际的生命畅游？是不是人生之不如意，十之八九？会不会这仅是生命一种美丽的打开方式，巨大的失败里甚至藏着成长和机会的种子？

普世规则发展进化，为我们撑起了保护伞。但时至今日，我们不必再害怕河岸逡巡的老虎。安全被过分强调，冒险的危险概率大大下降，也就是说，一直躲在自己的安全地盘，无异于画地为牢，故步自封。

让我去过一种更热血沸腾的生活吧，打破常规，质疑教条，让生命成为一场华丽的冒险。

在本书中，我们所谈到的每一个卓越人物的共同之处，便是他们都曾质疑过的普世规则。他们质疑过职业的意义，学位的意义，宗教的意义，生活方式的意义，以及各种"保证安全"的规则的意义。他们打破常规，不愿因循守旧。很多时候，创新因此而生，划开人类的新纪元。有这样一位名人，他便是埃隆·马斯克。

2013 年，我去拜访位于加利福尼亚州霍桑市的美国太空探索技术公司（SpaceX）总部，会见传奇人物埃隆·马斯克。埃隆是一位"行走着的偶像"，一位改变人类历史进程的人物，他用特斯拉汽车公司（Tesla

Motors)颠覆电子汽车行业,用太阳城(Solar City)颠覆太阳能源行业,用超级高铁(Hyperloop)的想法颠覆交通出行,用太空探索技术公司颠覆星际旅行。他可以说是今天这个星球上最伟大的企业家之一。

我曾问过埃隆一个简单的问题。当时面对这样一个活生生的传奇人物,我感觉有一点紧张,所以问出的问题有点尴尬:"埃隆,你已经做了这么多传奇的事情,大多数人想都不敢想。那是什么让你成了你?我指,如果我们把你放进一个搅拌机搅拌并提取出你的精华,你觉得那个精华是什么?"

埃隆笑这个奇怪问题和"放进搅拌机搅拌"这个奇怪想法,然后分享了接下来的故事:

"在我刚开始踏入社会时,我去网景通信公司(Netscape)找工作。当时我就坐在大厅里,攥着我的简历,静静地等着别人来叫我面试。但是最后没有人来,我就等啊等。"

埃隆提到他当时不知道要遵循什么流程。他就干等,幻想有人过来邀请他面试。

"但是没人和我说一句话。"他说。

"于是我说,'算了!我不如自己开一家公司。'"

他的世界在那天永远改变。

1995年,埃隆用28 000美元创立了一家叫作Zip2的小型分类广告公司。1999年,他出售了该公司,入手22 000 000美元。他接着用这笔钱创办了另一家公司,挑战线上商业银行的规则,后来成了贝宝(PayPal)。但是,他的脚步没有就此停下。

2002年,他创办了美国太空探索技术公司,为了造更好的火箭。2008年,他进入了特斯拉汽车公司领导层,为了让电动汽车成为主流。

从银行业务到太空探索,再到电动汽车,埃隆颠覆了少有人敢去碰的游戏规则,并与此同时让世界发生了瞠目结舌的变化。

除此之外，埃隆也分享了其他很多智慧，我们将在接下来的章节继续学习。但是首先，请让我介绍第一定律。

> **第一定律：超越普世规则**
>
> 卓越之人善于看清普世规则。哪些规则该遵循，哪些该质疑或忽略，心中自明。故而，他们更倾向于踏上少有人走过的路，自己来定义什么叫作真正活过。

被过分强调的安全

普世规则本是我们的保护伞，以确保我们安全。但是正如我所言，安全通常被过分强调。埃隆·马斯克在回答我的提问时，详细地分享了他的生命之旅和驱动力所在——但是最后有一句话让我印象深刻："我对痛苦有着很高的忍耐力。"

埃隆在创业时历经风雨。他讲到，2008 年美国太空探索技术公司最开始发射的 3 支火箭都是如何爆炸了，第四次再不行，公司就将走向破产。一波未平一波又起，特斯拉汽车公司融资也失败，现金流将近枯竭。埃隆不得不用贝宝赚的钱来资助这两家公司。除此之外，他得去借钱付租金。尽管如此，风雨再大，他都挺过来了。

打破常规，不走寻常路，这的确也许让人望而却步，因为你可能会摔得很惨。但是我不断地注意到，每一次的摔倒，就像一份礼物，装着智慧和学习的机会；爬起后，生命的质量飞速提高。但是对于摔倒所带来的暂时性痛苦，你要勇敢面对，我保证这终将值得。在本书中，你将学习如何去拥有不怕风吹雨打的能力。

第 1 章 超越普世规则

我的每一次糟糕的经历——从失恋，到和公司合伙人产生分歧而几乎不得不离开我自己的公司，再到陷入无尽的抑郁，最终换得了生命的顿悟和洞悉，微不足道但意义非凡。因此我的生命质量得以飞跃提升，自己变得越来越强大。现在我会拥抱每一次糟糕的经历，并心中暗喜：看，这次摔得很惨！我已经迫不及待想要看看我将从这里学到什么！

丢掉微软的香饽饽，当然属于这些糟糕的经历之一。我的毕业情况并不光鲜，在那之后我走投无路，于是搬到了纽约市。我在一家非营利性组织里工作，领着低于官方贫困线的薪水，我的家人和朋友认为我疯掉了。

挣的钱比官方贫困线还低，意味着我没办法租得起我自己的公寓。在微软，我有一套超级棒的公寓，带独立卧室。在纽约市，我却和同事詹姆斯同住在切尔西的一间工作室里。那是一间又小又脏的公寓，家具是之前的租客从大街上捡来的。我们的沙发和被褥上沾满了疑似霉点的黑色污斑。当时的场景几乎不敢想象，但是 2000 年 5 月的那个夜晚却恍如昨日。

在去欧洲的商务之旅中，我遇到了克里斯蒂娜。克里斯蒂娜是来自爱沙尼亚的红发女郎，非常漂亮，我成功说服了她来纽约找我。唯一的问题是她将要和我一起待在我那令人恶心的切尔西公寓里，这让我非常尴尬。克里斯蒂娜到达我的公寓后，立马跳到了詹姆斯的床上。终于来到纽约，她开心得上蹿下跳。

"呃，那是我室友的床，"我提醒到，"我的在那边。"

"你有室友？所以你不是一个人住？那我们怎么……你知道的……能有些私人空间？"她惊讶地问道，有点手足无措。

我灵机一动，立马想了个点子，用一个粉色的浴帘，再稍微拉一下，就变成一面"墙"，把我在工作室里的可怜的小角落同剩下来和詹姆斯共享的空间分隔开。于是乎，我们便有了私人空间。是的，我当时太穷了，没钱买一个真正的窗帘。塑料浴帘丑丑的，但它刚好创造了足够的私人空间，呃，让我们的夜晚回味无穷。

真的，我不知道克里斯蒂娜究竟看上了我哪一点，3年后我们结婚了。现在，我们有两个漂亮的孩子和一个有漂亮窗帘的家。

倘若我没离开微软，那么我将不会遇到我的妻子。那时我走投无路，所有其他工作机会都没了，最后在纽约穷困潦倒，无数次的不幸，终于换来一次幸运的邂逅：遇到我的妻子并有了现在的家。

看，不幸里也藏着美丽的风景。我们为了避免栽跟头、图安全，抱着沿袭下来的普世规则不肯放手，庆幸自己一生安安逸逸，没出乱子。直到有一天醒来，发现这一生好似从未真正活过。不要这样，我向你保证，无论天有多黑，生活总会为你点亮一盏灯。当然，不止一盏灯。前行路上，你需要学习如何改变规则（第2章），如何治愈心灵（第3章），如何移除有害的信念（第4章），如何快速学习新东西（第5章），如何让好运一路相随（第6章），如何掌握幸福的秘诀（第7章），如何找到正确的方向（第8章），如何渡过难关（第9章），如何发现人生使命（第10章），林林总总。但是当我们就此启程时，每个人都能闯出属于自己的一片天。

我非常喜欢美国足球运动员兼演员格里·克鲁斯的一句话，"我时常会跳出自己的舒适圈。一旦你把自己推向新的领域，一个全新的世界便向你打开，遍地机会。你可能会受伤，但神奇的是，当你痊愈之后，你来到了你从未涉足的地方"。

无论你是12岁，还是80岁——打破常规，踏出舒适圈，这件事从来不晚。

接下来

在接下来的章节，我将帮助你检测生活中的种种信念和系统，并辨别出哪些有利，哪些有害。我将把钥匙交付于你，你将解锁你的潜能，闯出自己的天地。这意味着摆脱过去的镣铐，拓展未来的愿景，经历人生观的巨变，以及更好地生活于世，追寻目标和与人相处。

我们将一起提升自我觉察，看清并超越我们的思维和行为模式，而且明白我们之所以会属于某个特定文化、国家或宗教，不过是我们在特定的时间和地点碰巧出生在某个特定的家庭里，这对于地球上每一个人都一样。普世规则塑造了我们的个人经历，进而成就了现在的我们。但是当我们学会超越普世规则时，会怎样？当我们了解我们并不优越于其他人时，会怎样？当我们相信每一个人都能闯出自己的天地时，又会怎样？

温馨提醒

在我们继续之前，我必须发布一则温馨提醒：质疑普世规则中的种种教条并非易事。如果你将继续阅读本书，下面节选了部分可能会"出乱子"的地方：

- 你可能会惹怒父母，当你决定质疑他们对你的期望时。
- 你可能会决定离开你的现任男朋友或女朋友。
- 你可能会决定在不同的宗教信仰环境下抚养你的孩子。
- 你可能会选择质疑你的宗教或者创造属于你自己的宗教系统。
- 你可能会重新考虑你的职业。
- 你可能会痴迷于快乐。
- 你可能会决定原谅过去伤害过你的人。
- 你可能会撕掉你现在的目标清单并重新拟定一个。
- 你可能会开始每天灵修。

生活在普世规则里
第 1 部分

- 你可能会离开某个人的怀抱，转而投入自己的怀抱，爱上自己。
- 你可能会决定离开现在的公司，并开始创业。
- 你可能会决定放弃创业，而加入某个公司。
- 你可能会找到人生使命，兴奋不已，而无所畏惧。

所有的这些都从质疑公认的普世规则开始。我的朋友彼得·戴曼迪斯，X 大奖基金会创始人兼主席，曾经说过一句有名的话：

如果你没办法赢，那么就改变规则。如果你没办法改变规则，那么就忽略它。

我非常喜欢这个建议。但是在你开始打破常规之前，你必须先看清你所持有的种种限制性的教条，这从觉察你所困于的并赖以为生的普世规则开始，无论你是否有觉察到。

你也许不会惊讶，这个觉察过程将以语言为起点（准确地讲，一个新的词语），因为我们更容易看见词典里已有的东西，而看不见词典里不存在的事物。

而这个新的词语叫作，胡扯规则。

第 2 章
质疑胡扯规则
认识到世界运作方式大部分是基于代代相传的胡扯规则

> 我们所坚持的真实，你会发现，很大程度上取决于我们自己的视角。
>
> 傻瓜，和跟着傻瓜的那个人，哪个更傻？
>
> ——欧比旺·肯诺比（OBI-WAN KENOBI），《星球大战》(STAR WARS)

我们选择相信的谎言

在第 1 章，我们了解到人类如何同时存在于两个世界。一个是绝对真实的物理世界，一个是相对真实的精神世界。在精神世界里，所有我们持有的观念（身份、宗教、国籍、对于世界的信仰），不过是我们选择相信的心智构念。就像所有的心智构念一样，许多只不过是我们情愿相信的谎言。它们在我们还是孩子时，趁机钻进了我们的脑袋里，并被我们生长的文化环境所滋养。

人类远没有我们所想的那么理性。许多我们所信以为真的"真实"，经不起仔细的推敲琢磨。我们对于世界的看法会随着人类文化、意识形态和种种观点的交锋碰撞而改变。就像疾病是通过传染实现从宿主到受体的传播一样，思想的传播如出一辙。我们之所以接受某种思想通常并非出于理性选择，而是源于"社会传染"——一种思想未经充分质疑而在大众中传播的现象。

我们所谓的"真实"，极少是最优的生活方式。消费心理学家保罗·马斯顿（Paul Marsden）博士，在论文《模因学和社会传染：硬币的两面？》（*Memetics and Social Contagion: Two Sides of the Same Coin?*）中写道：

> 尽管我们可能认为我们是有意识地并理性地决定如何应对各种情况，但是社会传染的证据显示情况并非如此。社会传染研究表明，并不是我们产生并"拥有着"各种观念、情绪和行为；在真正意义上，是这些观念、情绪和行为"拥有"着我们……当我们不确定如何应对某个刺激或情况时，该理论表示，我们会向他人积极寻求指导并有意识地模仿他人。

这一段话发人深省。马斯顿博士在告诉我们，当我们做决定时，我们更倾向于顺从群体意识，而不是完全从我们自己的想法和最佳利益出发。我们以为我们"拥有"着思想，殊不知是思想"拥有"着我们。

马斯顿博士继续谈道：证据表明我们传承并传播各种行为、情绪、思想和宗教信仰并非出于我们自己的理性选择，而是通过社会传染。

这或许是马斯顿博士的论文里最重要的句子之一了。我们以为我们在做一个理性决定。但是经常是这个决定和理性相去甚远，而和我们的家庭、文化和同辈所认可的想法更近。

从我们所生活的社会里接受各种思想，无错之有。但是我们的世界正经历着指数级的巨大变化，追随大流和墨守成规无异于作茧自缚。各种思想和文化基因本就应该与时俱进，当我们质疑它们时，它们才能更好地服务于我们。

生活在普世规则里
第 1 部分

我们虽然知道这类变化发生着，然而许多人却不肯放手本应淘汰的种种规则，科技、社会和人类觉察力已进化至更高水平，如此下去并无益处。

在第 1 章，你了解到 Himba 部落因为词典里没有蓝色这个词而很难看见蓝色。语汇在认知上扮演着重要角色。所以我为那些过时的规则杜撰了一个名字，以便更容易看清它们：我所使用的词语叫"胡扯规则"。

胡扯规则定义：胡扯规则是某个为了简化我们对世界的认知而衍生出的类似于胡扯的规则。

我们用胡扯规则给事情、流程甚至给人分类。胡扯规则通过我们的部落——通常是我们的家庭、文化环境和教育系统代代相传。比如说，你还记得你是怎么选择自己的宗教的吗？或者你是怎么获得关于爱情、金钱和生活方式的各种观念的？我们大多已不记得。许多关于如何生活所形成的规则来源于他人。而且这些规则和是与非、对或错的判断紧密相连。

每个人都遵守着成千上万条规则。当我们不确定要做什么时，我们便以长辈为榜样。孩子以父母为榜样，父母以他们的父母为榜样，子子辈辈，无穷尽也。

这意味着我们信仰基督教还是犹太教，政治上是左还是右，通常不是因为我们决定了要这样，而仅仅是因为我们碰巧在某个特定的时间出生在某个特定的家庭，通过文化浸染和社会条件作用形成一系列的观念从而如此。我们也许决定从事某种特定的工作（就像我成为计算机工程师一样），去上法学院，拿到 MBA 文凭或加入家族企业，并不是因为我们做了一个理性决定去走我们想走的路，而是社会普世规则的影响使得我们如此。

你可以从进化的角度看到模仿前人的模式效率是如此之高。各种观念代代相传，诸如如何收割、打猎、烹饪和沟通，让文明渐渐繁荣发展。但是这意味着，我们或许正照着许久未曾更新的模式而生活。盲目地走前人走过的路也许有效率，但是这不总是聪明的做法。

第 2 章　质疑胡扯规则

当我们细细思考时会发现，我们为了图方便却被强加以种种胡扯规则。去质疑并剖析这些胡扯规则，便是迈向卓越的又一步。

我在 9 岁时开始质疑胡扯规则。那时有一家麦当劳开在我家附近，我去到哪里似乎都会看见麦当劳那令人垂涎的芝士汉堡广告。真的，它们看上去美味无比，而且我心心念念着吃一顿开心乐园餐。但是我从小便是印度教徒，已经被告知我绝对不可以吃牛肉，绝对不可以。

麦当劳制造了一种广告效应。我从未尝过牛肉的滋味，但因为那些极具吸引力的广告图片，我一心认为麦当劳的汉堡一定会是我活着的这 9 年以来，吃到的最好吃的食物。而唯一阻止我的是，根据文化传统我不应该吃牛肉，因为这会惹怒上帝或者某种可怕的事物。

我的父母一直鼓励我多问，所以我很自然地问我的妈妈为什么我不能吃牛肉。她回答我，这是我们家族文化和宗教信仰的一部分。"但是其他人也吃牛肉，为什么印度教徒就不能吃呢？"我追问。

她巧妙地回应："你为什么不自己去寻找答案呢？"那时没有网络，我便翻出大英百科全书一页页读，并总结出了一套关于古印度、印度教徒、奶牛和吃牛肉的理论，回去讲给妈妈听。这套理论大致是这样子的："妈妈，我觉得古印度教徒喜欢把奶牛作为宠物。它们性格温顺，眼睛又大又美。奶牛也很有实用价值，它们既能耕田，还能产奶。所以，也许这是那时候的印度教徒不吃牛肉的原因了。更何况他们还有山羊、猪和其他比奶牛低级的动物可食用。我上一次查到我们现在是以狗狗作为宠物，而不再是奶牛，所以我觉得我应该可以去吃牛肉汉堡了。"

我不知道妈妈怎么想的，她居然同意了。我得以第一次吃到了牛肉汉堡。坦白地讲，牛肉汉堡没有想象中那么好吃。但是轰的一声！我从小到大所盲从的教条轰然倒塌。

我开始质疑其他所有事物。到 19 岁时，我已经放弃了宗教信仰，不是因为我不再追求灵性，而是因为我感觉把自己称作一名印度教徒，会把我和其他数十亿同样追求灵性的非印度教徒分隔开来。我想要拥抱每一种宗教的灵性核心，而不仅限于哪一种。我虽然还是个毛头小子，但也不能理解一辈子被一种宗教所绑架的想法。

我很幸运有这样的父母，允许我去创造自己的信念系统。如果连一个9岁的孩子都能打破胡扯规则，那我们又为何不可？

不妨花时间思考一下那些传承给你的宗教或文化规范。有多少真的是理性的？某些宗教或文化规范也许早已过时，或是被现在的思想家和研究者证实是不可信的。不少甚至可能给人造成巨大的痛苦。我不是在鼓吹立马抛弃所有你曾遵守的规则，而是说不妨保持一颗怀疑之心，从而筛选出对你的目标和需求真正有帮助的规则。"我的家人、文化环境或者别人都是这样做的，所以我也要这样做"，这并不是个好主意。

常见的胡扯规则

在你迈向卓越的路途中，要知道没有什么普世规则是不能被质疑的。我们的政治活动、教育方式、工作模式、传统文化甚至宗教信仰都包含着需要废弃的胡扯规则。

以下是一些常见的胡扯规则，我们和它们一起生活着，甚至都没意识到它们的存在。以下还有一些我对于这些胡扯规则的不一样的思考方式。它们属于我所挑战过的胡扯规则中的前几名。摆脱这些规则让我的生活发生了翻天覆地的转变。以下便是4项常见的胡扯规则，而我决定将其从我的世界观里抹除：

1. 胡扯规则之大学
2. 胡扯规则之文化

3. 胡扯规则之宗教

4. 胡扯规则之勤奋

在你阅读之际，不妨问问你自己，以上的胡扯规则是否阻碍着你。

1. 我们应该拿到大学文凭以确保我们能成功

大学教育除了让许多年轻人背负了数十年才能还清的巨额债务之外，不少研究显示，大学教育真的不能确保成功。大学文凭能保证工作上的高绩效吗？不一定。时代正飞速变化。2014年《纽约时报》的一篇文章详细讲述了对互联网巨头谷歌公司的人力运营高级副总裁拉兹洛·博克（Laszlo Bock）的一次采访，提到虽然谷歌会关注某些职位所要求的特定技术能力上的成绩，但是否拥有大学文凭不再像曾经那样重要。博克说道："那些没上过大学但依然取得成就的人，非同小可。这些人也是我们要找的人。"他在2013年《纽约时报》的一篇文章中提到，"在谷歌，没有上过大学的人员比例逐年递增"——在某些团队里占到了14%。

更多公司表达出类似的观点。iSchoolGuide在2015年的一篇文章写到，"安永（Ernst and Young）作为英国最大雇主，及世界最大的财务咨询公司之一，最近宣布不再把学术成绩作为招聘的主要指标"。文章引用了安永人才管理合伙人玛吉·史迪威（Maggie Stilwell）的话："在全面考察候选人时，学术成就依然会被纳入重要考量因素，但是不再是入门门槛。"

近几年来，我给我的公司面试和招聘了1000多人。我已不再着眼于申请者的大学成绩或是其毕业学校。我发现它们和一个员工是否成功没有相关性。

拿到大学文凭，职业之路便通向成功，这不过是社会性的胡扯规则，并逐渐被淘汰。不是说没有必要去上大学——我的大学生活是我曾有过的最美好的回忆和成长经历。不过这些美好的回忆和经历的来源并不是我所学的专业。

2. 我们应该和同宗教或同种族的人结婚

我来自西印度一个非常小的少数族裔，我所在种族文化为信德（Sindhi）文化。1947年后，信德人流散于世界各地。就像许多类似的文化一样，保护并传承文化传统的愿望十分强烈。与外族人通婚，在文化规范里被视作绝对的禁忌，甚至包括其他非本族印度人通婚。所以当我告诉他们我想要和我那时的爱沙尼亚女友克里斯蒂娜结婚时，你可以想象我的家人有多么震惊。我记得有亲戚好心提醒我："你真要这样吗？你的孩子会疑惑自己的身份认同的！你为什么要让你的家人失望？"

我最开始不敢听从我内心的声音，因为我感觉这样做会让我所爱的人失望。但是我意识到，在面临类似这样的人生大决定之际，我不应为了让别人开心却让自己不开心。我想要和克里斯蒂娜在一起，所以我和她结了婚。我选择不去遵守在我这一代人如此普遍的胡扯规则——我们应该只和同种族同宗教的人结婚，因为这是最能保证幸福的方式；依着家人意见或按着文化习俗才是"正确"的。如今，克里斯蒂娜和我在一起16年，结婚13年。我们的两个孩子正学着多种语言，并开心地成为世界公民（我的儿子海登在他18个月大时，已经去过18个国家），远没有对自己的身份认同产生疑惑。我的孩子们跟着爷爷奶奶学习俄罗斯东正教、路德会和印度教的传统习俗。他们不受限于某一个宗教，从而可以经历宗教全部的美丽。谈到这里，接下来便是下一个常见的胡扯规则。

3. 我们应该依附于某一种宗教

好的，这是一个敏感性问题。我们真的需要宗教吗？没有宗教，精神性还能存在吗？这仅仅是如今少数谈及宗教的问题。随着原教旨主义的出现，关于宗教的更基本性的东西正在被质疑。你还记得，你选择你所信仰的宗教的那天吗？大部分人不记得，因为这几乎不是自己的选择。这通常是父母的选择，父母一系列关于宗教信仰的观念已在幼时植入于我们大脑里。对于许多人来说，我们更倾向于听从家人或社会的想法，而不是自己独立理性思考，所以这使得一些不好的信念可能同样也进入了我们大脑里。

宗教如玫瑰，花香四溢、美丽芬芳，但也要小心它的刺。在以宗教教条为基础的世界观里，充斥着内疚、羞愧和恐惧。虽然目前大部分追求灵性的人会依附于某一种宗教，但是选择"追求灵性但不追求宗教"的人正逐年递增，尤其是千禧一代。

我相信宗教对于人类进化至关重要。数千年来，宗教帮助教化人类，培养道德品行，促进群体间的合作。但是现在，全世界的宗教智慧和灵性传统触手可得，固守某一种宗教或许已经过时。而且我相信，对宗教教条的唯命是从，反而阻碍了人类的灵性进化。

宗教的核心思想兴许美不胜收，但种种胡扯规则却像苍蝇蚊虫般在周遭嘤嘤嗡嗡。数个世纪以来，那些胡扯规则过时已久，却鲜有人质疑。

不在斋月时进行斋戒的穆斯林，可以是好的穆斯林吗？不相信原罪的基督教徒，可以是好的基督教徒吗？吃牛肉的印度教徒，可以是好的印度教徒吗？宗教像是老旧的机器，亟须更新。

在我看来，一个更好的方式不是依附于某一种宗教，而是在全世界各种宗教信仰和灵性实践之中，挑选最合适的。

我出生于印度教家庭。多年来，我从我所接触到的每一种宗教信仰和灵性书籍里汲取精华，从而构建我自己的信仰体系。我们不会每天固定只吃一种东西，那为什么我们只能依附于一种宗教？我们为什么不能既相信基督教的仁爱和善良，又像穆斯林一样愿意将收入的10%捐给慈善事业，而且还能接受来生转世的想法？

基督教、苏菲教，薄伽梵歌（Bhagavad Gita）的谆谆教诲，佛家之言，都藏着无尽的美。然而绝对主义者却说：你一辈子只能信仰一种宗教。更糟糕的是，你把这个观念教育给了你的孩子，让你的孩子也不得不如此，子子孙孙，代代相传。

倘若宗教能带给你想要的东西，诸如意义感和精神满足，不妨从之。但是要明白，你不必强迫自己接受一切。你可以信仰基督，但是不相信地狱。你可以是一名犹太教徒，但是能食用火腿三明治。不要为宗教所缚，信之，但不盲从之。灵性不应从宗教观念里发展而来，应从你的内心里发出。

4. 我们工作足够勤奋就会成功

这起先也许是个有价值的想法，之后却逐渐扭曲，成了胡扯规则。父母想鼓励孩子在面临挑战时坚持不懈，以汗水浇灌成功的果实。但是那可以被扭曲成：如果你没有一直拼命做事，那么你就是懒，而且成功也与你无缘。

这个胡扯规则把工作变成了一次苦行僧式的长途跋涉，并将工作贴上了无趣无聊、令人厌烦的标签。然而盖洛普研究显示，在工作中感受到意义感和愉悦感的人比那些没有这种感觉的人，退休时间要晚得多。当你不再为生计发愁时，工作对你而言就像一次玩耍，你玩得更开心、更积极、也更投入。人之于世，大部分时间在工作着，如果你做着自己不喜欢的事，感觉在浪费时间，那这白驹过隙般短暂的人生，还有多少时间可以浪费呢？教育家兼政府部长劳伦斯·普尔绍·杰克斯（Lawrence Pearsall Jacks）写道：

真正懂得生活艺术的人，模糊了工作与玩耍、劳动与休闲、精神与身体的界限。他几乎不知哪个是哪个。他只是纯粹追求着他所向往的远方，工作还是玩耍，交与别人判断。对于他自己而言，他总是似乎两者皆是。

我总是有意识地选择自己热爱的领域，让工作不再只是份苦差事。当你做你所爱时，生活似乎更加美妙——实际上，"工作"的概念不复存在。与此相反，工作更像是一次挑战、一项使命和一种玩耍。我鼓励每个人试着朝这个方向前进。别让拼命做事成了生命的习惯，别让勤奋成了盲目做事的借口。工作永远也做不完。所以，请寻你所爱，在你热爱的领域尽情起舞。要知道，每个未曾起舞的日子，都是对生命的辜负。你不会立马找到所爱，但这有法可依。在你阅读本书时，我将分享一些思维工具和实践方法，帮助你更快地到达那个状态。

我们习得胡扯规则的 5 种途径

我们如何能发现限制着我们的胡扯规则，从而打破它们，获得自由呢？第一步是知道它们起先是如何安装进你的大脑里的。我相信有 5 种我们习得这些胡扯规则的途径。当你理解了这些传染机制之后，你将更好地判定普世规则中哪些规则对你规划你的人生是合情合理的，哪些规则也许是胡扯规则。

1. 幼时教导

在我们极其漫长的成熟期里，我们于幼时不加批判地吸收了大部分思想观念。相比其他动物能很快地成熟，或者在它们刚出生的时候即能奔跑或游泳，然而我们人类在刚出生时却相当无助，高度依赖在以后的年月里进一步成长。正如尤瓦尔·赫拉利在《人类简史》里所描述的，在这段时间我们就像"熔融态玻璃"一样，具有高度可塑造性，而被环境或周围人影响：

> 大部分哺乳类动物从子宫里出生时，就像从窑洞里烧出来的光亮的瓷器，任何试图重塑的行为只会刮伤或破坏它。然而人类从子宫里出生时，却像从火炉里出来的熔融态玻璃一样，可以被旋转、拉伸和塑形，具有惊人的自由度。这就是为什么我们今天能把我们的孩子教育成基督徒或佛教徒、资本主义者或社会主义者、战争热衷者或和平爱好者。

我们幼时具有可塑性的大脑使得我们成为厉害的学习者，能接受每一段经历，并根据文化所要求的塑造成任何形状。举个例子，想一想一个出生在多元化家庭的孩子长大后能流利地讲两三种语言。但是这种可塑性也导致幼时的任何经历和境况都会对我们造成影响。

曾注意到一个孩子经常问为什么吗？对于接二连三的为什么、为什么、为什么，典型的父母反应通常是这样的：

"因为我说过了是这样子。"

"因为这就是这样子的。"

"因为上帝想要它这样子。"

"因为爸爸说你要这样做。"

像这样的表述使得孩子陷入了胡扯规则的灌木丛，他们甚至也许没有意识到这些胡扯规则是可以被质疑的。那些孩子长大后，成了被他们所视作"事实"的种种限制和规则所囚困的成年人。

所以我们吸收着文化，熏陶着种种规则并基于这些信条立足于世。大部分这种情况发生在 9 岁之前，我们也许携带着许多这些信条直到我们死去，直到或者除非我们学会如何挑战它们。

我自己为人父母，知道诚实且真诚地去回答小孩子提出的每一个问题有多困难。2014 年夏天我和我的儿子在车上，那时妮琪·米娜（Nicki Minaj）的歌《大蟒蛇》（*Anaconda*）从收音机里跑了出来，我丝毫没注意到。歌里有一节唱到，"大蟒蛇什么也不要，只要圆面包（也译作，翘臀）"，我 7 岁大的儿子海登问我，"爸爸，为什么大蟒蛇只想要圆面包？"

我的脸登时红了，就像大部分父母一样。那时上演了一幕我知道你将会原谅我的情节，我做了一件我认为其他面临相同处境时的爸爸也会做的事情。我编了个谎。

"这是一首关于只爱吃面包的蛇的歌。"我回答道。

海登信了。唷！之后的那天，他告诉我他想要写一首歌，关于一只有着更健康饮食习惯的蛇。

我已经成功应付了不少来自我孩子的"为什么"的难题。我一定问过我的父母很多这些问题。我打赌你也是。你的父母可能尽了他们的全力去回答你。但是他们的一些回答，尤其是像"因为这就是这样子"的回复，有时兴许已经将你现在一直遵守着的胡扯规则安装在你的大脑里。

2. 权威人物

部落里我们视作权威人物的人，通常在某种程度上是我们所依赖的人，是强有力的胡扯规则安装者。当然那包括了我们的父母，但还有亲戚、看护人、老师、牧师和朋友。许多也许是智慧的人，出于对我们的关爱，想要传授能在生活中帮助我们的信条，比如说"己所不欲勿施于人"的黄金规则。但是因为我们视他们为权威，所以我们也容易受到他们的伤害。他们将胡扯规则传递给我们，要么是想要控制我们，要么是他们真心相信那些信条，无论它们多荒谬。

权威已经被证实对我们有着惊人且有潜在危险的控制力。

作为有觉知能力的物种，在我们的进化过程中，我们需要领导者和权威人物来帮助我们组织统筹并得以存活。随着文化水平和诸如获得、传承并分享信息的能力的提高，知识现在已经远非稀缺品。是时候让我们停止像史前的部落成员一样唯唯诺诺，我们要开始质疑我们的领导者所说的某些事情。

举个例子，以恐惧为基础的政治活动。当今世界，政治家很流行通过创造对另外一个群体的恐惧从而赢得选票。犹太人、穆斯林教徒、墨西哥移民、难民和同性恋者都成了某些国家的政治家寻求选票的工具。我们需要收回这种对权威人物的服从。

虽然控制着我们的人里权威人物占最大的比例，但是显然这不仅仅是权威人物的原因。有趣的是，一些人在他们的父母死后表示有一种自由感，因为他们终于感觉能够追随自己的意愿、想法和目标，不再受父母期望的控制，也摆脱了服从父母所认可的种种规则的压力。

3. 归属需求

我们有去接受胡扯规则的倾向，因为我们想要融入某个群体。我们是群居动物，不断进化为了在群体里找到彼此之间的安全感和亲密感。群居比独居更安全。因此是否能存活下去取决于是否被部落所接纳。但是有时为了成为一个部落的一分子，我们接受着部落的信条，即使也许很荒谬。所以为了获得接纳，我们付出了自己的个性和独立性的代价。举个老掉牙的例子，青少年会挣扎于保持自己的个性和屈服于同侪压力的选择。

这里的部落指代任何有着一系列的信条和传统的群体，它可以是一个宗教群体、一个政治团体、一个社团或团队，不一而足。一旦我们把自己以某个特定视角进行定义时，即使是某些我们真心赞成的东西，我们便更可能自动地开始接受团体的其他信条，即使这些信条有悖于事实和科学。

当人们加入邪教组织时，这种归属需求最为强烈，他们会很容易接受非理性的信条。被组织接纳的欲望使得他们关闭了他们的质疑能力，从而接受高度非理性且不合逻辑的信条。

蒂姆·厄班（Tim Urban），运营着超级棒的博客 waitbutwhy.com，把这种现象叫作盲目部落主义。蒂姆写道：

> 人类同样追求安稳，群体思维里的盲目部落主义将此暴露无遗。一个科学家观点是以数据为基，其说服力只与其所拥有的证据相当，并自然而然地接受补充和修正；然而部落的教条主义是一项信念练习，不以数据为依，盲目的部落成员们对他们所相信的东西确信不疑。

你可以接受你部落的信条，但是你不必接受他们全部的信条，尤其如果他们的信条是不科学的，没有帮助或者不真实的话。

4. 社会认可

当我们由于有人类似于说"大家都这样做"从而遵循之时，我们便是通过社会认可在接受胡扯规则。把这想象成代理人的批准：我们相信，别人告诉我们事情是为了节省我们自己去判断真假的精力。如果我们被引导至认为"大家"都在这样做，都相信它或者认可它，那么我们便决定了也许我们也应该如此。一个现代社会的例子便是广告：每个人都在吃这个，买这个，穿这个……这是健康的，那是不健康的……这是你为了让别人注意到你所需要的……不一而足。你已经见过不少广告。现代广告已经非常擅长于利用社会认可来创造我所说的被制造的需求。没有人真的需要那么多用红罐子装着的高果糖谷物糖浆。我们也不需要那些成千上万的存在仅为了填满广告所创造的空虚感的商品。但是被制造的需求有效利用社会认可从而创造欲望，将并不健康的商品变成了必须购买的商品。既然人人都在购买这些商品，那我也要。

5. 我们内心的不安全感

假设你正在和你非常喜欢的某个人约会。约会完之后，那个人没有给你回电话。对于我们许多人来说，我们的内心不安全感便高速运转：我穿得不够有吸引力……也许我说了太多话……我不应该讲那个笑话……诸如此类。然后，我们不去实际搞清楚为什么那个人没有回电话，反而发明了一揽子关于爱情、约会、在约会时应如何表现还有关于男人和女人之类的 B 类规则。但是事实也许是另外一回事。也许那个人把他的手机弄丢了，没了你的电话号码。也许她正经历着很痛苦的一周或者不得不处理家庭事务。

不加以逻辑思考，我们反而开始针对各种事情制造"含义"。在我们脑袋里的"含义制造机"会不断地针对我们身边所看到的事情创造对应的含义，尤其是当这些事情涉及我们所爱或所关注的人的时候。

你曾因为某些别人所做的事情，从而在你的脑海里创造出了关于那个人对你的态度或者感觉的含义吗？那便是"含义制造机"在作祟。

你也许已经知道了你生活中的一些胡扯规则从何而来。你能想起那些对你有着巨大影响的权威人物吗？你是否还记得你为了融入群体曾做了一些自己不喜欢的事情？你是否曾遵照着能帮助自己融入进去的规则而行事？

这里不加以评论。记住，这是人类学习方式的一部分。这是历代的所有信息得以传递给我们的方式,包括了精华部分,像如何生火,如何制造轮子,如何讲冷笑话,如何烤肉,如何做心肺复苏,和如何装饰一个圣诞树。这些不全是渣滓,只不过是我们许多人需要帮助意识到这些也不全是精华。一些规则已经不再有用,或是从开始就是误导人的。是时候去粗取精,去假存真。

如何扩展普世规则的边界

我们的普世规则里充斥着种种有杀伤力的想法,因为绝大多数人都深信不疑。思索一下像国家、金钱、交通、我们的教育系统之类的想法。但是时不时地就会出现一个叛变者,抗议道某些普世规则只不过是胡扯规则。这些叛变者大多数叫嚣着改变世界,好则被称作理想主义者,坏则被叫作蠢货;但是有时候,那个叛变者会真的挣脱现实的藩篱,一步一步毅然决然地让改变发生。

下面这幅图阐释着这点。圆代表着普世规则。中心一团圆点代表着普罗大众。最初某个特定的人,或许是你,决定不再以大众的角度看待这个世界。你从而被贴上不合群者、叛变者或闹事者的标签。

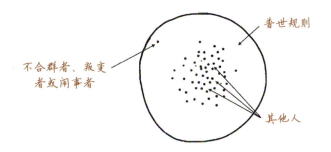

然后你做了些疯狂而新颖的事情。或许你写了一本新型的儿童书籍,就像 J. K. 罗琳(J. K. Rowling)一样写了《哈利·波特》(*Harry Potter*)。

或者像披头士（Beatles）一样，你决定离开传统音乐的套路，新创一种不一样的音乐。又或者，像企业家埃隆·马斯克一样，你决定将电动汽车大众化。有些人会失败。但是有些人会成功，当他们成功的时候，便扩展了普世规则的边界。

那便是当不合群者被称作梦想家的时候。

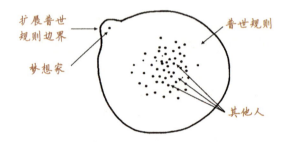

有这样一个梦想家叫作狄恩·卡门（Dean Kamen）。我在 2015 年拜访狄恩时，从他那里听到了最不可思议的打破胡扯规则的故事之一。

狄恩·卡门是现代的爱迪生。他拥有超过 440 项专利。他以 iBOT 移动装置革新了轮椅科技，率先发展了引领时代的家用渗析装置，并以他的发明——赛格威电动平衡车（Segway Human Transporter）而成为工业领域的大神。他是美国国家技术奖（National Medal of Technology）的被授予者，也是美国发明家名人堂（National Inventors Hall of Fame）的一员。狄恩用赛格威电动平衡车质疑了交通方式的胡扯规则：城市能被设计成没有汽车吗？但是个人来讲，我更印象深刻于狄恩对于国家胡扯规则的质疑。狄恩对政府感到失望后开创了自己的国家。他自封为北饺岛（North Dumpling Island）岛主和总统。北饺岛是在长岛海峡（Long Island Sound）的一座小岛屿，他将此变成了他自己的国家——一个在北美除了美国和加拿大之外，有且仅有的第三个国家。

狄恩·卡门绝不是顺从于不合理规则的人。作为美国最伟大的发明家之一，他恪守着反官僚主义态度。当对不合理规则的一种健康的忽视遇上了发明家的思维，威力无穷。在他向我以及于 2015 年 5 月被邀请的一小群人做介绍时，一个巨大的风力发动机成了焦点。

对于这个风力发动机一开始你可能会称之为恶作剧，但是它远不止于此。作为可替代能源的积极拥护者，狄恩想要在离美国康涅迪格州海岸数英里远的北饺岛建一个风力发动机，以给他的房子供电。但是纽约当局（尽管北饺岛靠近康乃迪克州，但其实归属于纽约州的管辖）说将要建的发动机太大了，并且噪音会打扰到邻居。"这不过是座岛，"狄恩说道，"根本就没有邻居！"当局不肯让步。情况陷入僵局。

狄恩·卡门不是那种退缩的人。他和我们说，他被离北饺岛数英里远的纽约州惹毛了，他们居然有权力教训他怎样经营自己的岛屿。于是狄恩决定不再妥协。在和他的一位在哈佛的精通于宪法的专家朋友说了之后，狄恩找到了一个漏洞让他得以脱离——不仅仅是纽约州，而且是整个美国。于是乎，在 1988 年 4 月 22 日，《纽约时报》刊登一篇文章："在长岛海峡，一个新的国家正式成立"。

狄恩不仅仅创造了他自己的岛国。他还创造了北饺岛自己的宪法、国歌和货币，叫作饺子币。

挑战胡扯规则的想法怎么样？我们很少有人长大了会想开创我们自己的国家，或者货币。不过，狄恩不是一般人。或许正是相同的好奇心驱使着他去质疑交通方式的胡扯规则从而发明了赛格威电动平衡车。他质疑了作为一个国家的地位的想法。但是还没有完。

纽约不是吃素的。纽约当局就风力发动机一事不停地向狄恩发送警告函。狄恩就把那些函件寄给了纽约新闻媒体并附以一段话："看看纽约当局是如何的不成体统——他们胆敢威胁一个独立国家的领袖。"警告函从此不见踪影。

生活在普世规则里
第 1 部分

几个月之后，在拜访白宫时（狄恩有朋友居于高位），狄恩开玩笑地让总统乔治·布什（George H. W. Bush）和北饺岛签署了一份互不侵犯条约。

你可以想象，所有的这些引来了公众巨大的关注。一个当地早间脱口秀决定拜访北饺岛并在岛上做一期节目。狄恩提到，在拍摄期间，他问其中的一名脱口秀主持人他是否想要把他的美元兑换成饺子币。那个主持人对此嗤之以鼻，质问说饺子币是否是真的货币。狄恩回应道，美元才是真正应该被质疑的货币。要知道，数十年前美元已经脱离了金本位制，现在所依靠的东西轻如空气。然而饺子币依靠于本杰瑞公司的冰淇淋。（讲真，狄恩认识其创始人。）并且，狄恩指出因为冰淇淋被冰冻至 32 华氏度（0 摄氏度），饺子币所依靠的东西可谓"坚如磐石"。

在逛狄恩家时，我在一面墙上发现了一份最为重要的文件，让我大吃一惊。这是一份被裱着的向布什总统施以"外国援助国家债券"的证明，意味着北饺岛的的确确有向美国给予外国援助——总额为 100 美元。

我问狄恩这个图片背后的故事。他告诉我说北饺岛已经成为世界上第一个向美国提供外国援助的国家。按照这份证明的表述，这便是原因：

曾经的全球技术领航人，美国公民正陷入对科学技术不幸的无知和悲惨的漠视之中。此威胁着美国科学与技术的发展……北饺岛国就此承诺援助邻国逃离如此命运，支持科学技术启发和认可基金会（Foundation for Inspiration and Recognition of Science and Technology, FIRST）在促进和表彰对美利坚合众国的公民进行科技训练的努力……

狄恩没有把援助 100 美元给一个超级大国当作一个玩笑。他是要利用他最新的作为一个独立国家领主的身份来实现另一项打破胡扯规则的成就。他想要改变全球教育系统，从而吸引更多对自然科学和工程学的关注。

狄恩对美国的捐助是为了成立科学技术启发和认可基金会，基金会使命为："通过创造一个科技受到歌颂、年轻人梦想着成为科技领袖的世界来转变我们的文化"。基金会通过举办大量的竞赛实现这一点。孩子们设计制造各种各样的机器人，在奥林匹克式的环境下比拼。

当我在2015年参加位于密苏里州圣路易斯市的FIRST机器人挑战赛时，37000支来自世界各地的高中队伍以他们的机器人决一雌雄。看着那些孩子制造的机器人真的很奇妙。

狄恩说他认为当今世界的问题之一是孩子们长大后极度崇拜体育明星，当然崇拜身体力量并无大过，但是我们也需要推崇脑力——工程师、科学家和那些通过创新不断推动人类发展的人们。这是他通过FIRST做的事情。北饺岛自然在帮助基金会得到更多社会关注上施以了援手。

北饺岛是否真是一个国家并不重要。重要的是狄恩这个家伙所玩耍的领域异于大多数人。他不断地挑战和打破种种规则从而追寻更好的生活方式，质疑我们大多数人不假思索便已接受的种种信条和文化规范：

- 通过他发明的赛格威电动平衡车，他重新定义了公认的交通方式。
- 通过北饺岛，他开玩笑式地再定义了国家的概念。
- 通过FIRST，他改变了科学教育的想法，让科学教育变得和运动一样好玩。

卓越之人思维迥异，他们不让社会的胡扯规则阻止他们为自己创造一个更好的世界。你也不应如此。我们所有人既有能力且有责任去扔掉那些阻碍我们实现理想的胡扯规则。所有的一切始于一件事：质疑你与生俱来的种种信念。

你能借助于安装了那些胡扯规则的同一个神奇大脑去卸载那些胡扯规则，并替代以真正能赋予你能量的信念。这个想法本身便是极具解放性的。

这将我们带领到了第二定律。

> **第二定律：质疑胡扯规则。**
>
> 世间之人，大多盲目地遵从着早已过期的胡扯规则。卓越之人，则在感觉到这些规则和自己的梦想与追求背道而驰时，选择质疑。

辨别胡扯规则

我们必须推动我们的系统（无论内外，不分个人与制度）更新换代。我们率先卸载我们自己大脑里的胡扯规则，从而推动社会系统的进步。当你最开始这样做时，你会感觉有点像自由落体，的确也是，因为你正在关闭你人生的自动挡。有时当你开启人生的手动挡时，事情会感觉一团糟，但请对自己保持信心。你生来如此。作为人类的最大礼物便在于用我们自己的视角看世界的能力，创造新的东西——然后用我们所知去改变我们的生命，改变我们的世界。文化并非静止不动，文化是活着的、呼吸着的，随着我们实际生活的流动和世界的改变而改变。所以，让我们开始吧！你在家里即可开始。你的人生，由你做主。

> **练习：胡扯规则测试**
>
> 那么，你的胡扯规则长什么样子？我这里不是说扔掉符合黄金准则的伦理道德标准。但是那些将我们锁进长久的恶习和非理性的

自我批判的特定规则也许值得一看（举个例子：我应该每周工作到精疲力竭否则我工作就不够努力……我应该每天给我的父母打电话否则我就不是一个好的女儿或儿子……我应该遵守我家庭的宗教习惯否则我就不是一个追求灵性的人……我应该以某种特定的方式对待我的伴侣否则我就不是个好伴侣……）从而判断是否有胡扯规则在作祟。应用五问题胡扯规则测试法做一下现状核查，来看看这个规则究竟是你想要以之为生的，还是你想要打破的。

问题一：它是否是基于对人性的信任和希望

该规则是基于人性本善论还是人性本恶论？如果一个规则是基于人性本恶论，那么我倾向于质疑它。

原罪的概念是对于人性基本的不信任的例子。原罪的概念已经给如此多人带来了如此多的内疚和羞耻，让他们觉得自己不配获得生命中的成功和美好的事物。原罪是一个相对真实的例子。它只被世界人口的某个特定部分的人所相信；也就是说，它并不受所有的文化认可。没有科学证据表明我们生来都是罪人，所以它并不是绝对真实。然而它却祸害着数百万人。

永远对人性保有信心和信任。我喜欢甘地（Gandhi）的一句话："你一定不要对人性失去信心。人性是海洋，即使海洋里有几滴脏水，它依然是洁净的。"

问题二：它是否违背黄金准则

黄金准则是说己所不欲勿施于人。那些抬高一部分人价值并贬低另一部分人价值的规则，便值得怀疑其是否是胡扯规则。这种规则基于肤色、性取向、宗教、国家、性别或者其他武断的或主观的标准来掌控和限制机会。

问题三：我是否从文化或宗教中习得

该规则或信念是否并非是大多数人生来所相信的？该信念是不是关于某种特定的生活方式？或者该规则是不是关于某个特定的习惯，比如说饮食或穿着习惯？如果是，那么它很可能是一个文化或宗教规则。如果它影响着你，我相信你不必遵从，就像我决定当我想吃牛排或牛肉汉堡的时候我便可以享用。我很幸运，我的家人允许我质疑这些规则，尽管有时候这也许会让他们感觉不舒服。

你不必因为这是你生来所处的文化的一部分，便不得不按照某种你不认可的方式去穿着、饮食、结婚或祷告。文化本应该是一直进化和流动的，在某种程度上，就像水一样。当水在流动时，它最为美丽和实用，它创造了江河湖海，瀑布浪花。但是当水变成死水时，它便变得有毒性。文化如水。如果文化停滞不前，就像教条或原教旨主义宗教一样，那么它将危害于人。感恩于你的文化，但请让它流动起来。不要盲目相信那些教条，你的文化中关于祈祷、穿着、饮食或性行为的方式也不必和几个世代之前一模一样。

问题四：它是基于理性选择还是传染

你是否因为某个规则在你幼时便安装于你的大脑里便一直遵从于它？它是否有助于你的生活？或者你仅仅是从未想过以不同的方式做事情？我们遵从着数量庞大的危险且不健康的规则，仅仅因为文化基因和社会条件作用。这些规则是否在妨碍着你？如果是，试着去理解它们，剖析它们并质疑它们。这些规则是否服务于某个目的？或者你接受它们仅仅因为你模仿？问问你自己是否这些规则真正服务于你,并且你愿意将其传递给你的孩子们。或者这些想法是否限制着你,令人窒息,比如说,某些关于如何穿着的规则或有害的道德准则。如果是,让我们允许它们安详地死去并切断其束缚,不让它们传染给我们的子孙后代。

问题五:它是否服务于我的福祉

有时候我们遵从于并不服务于我们福祉的信念,但是那感觉就像这些信念反映着一种公认的且不可逃脱的生活方式。它有时是遵循某种职业路径因为我们的家人或社会告诉我们这是对的(就像我去做了计算机工程师),或是和某个特定的人结婚,又或者是在某个特定的地方居住或以某个特定的方式生活。

请把你的福祉放在最首位。只有当你幸福快乐时你才能真正把你最好的给予给他人,在社会里,在关系中,在你的家庭和社区里。

值得回顾史蒂夫·乔布斯在斯坦福毕业典礼上所说的智慧的话语:

> 你的时间有限,所以不要把它浪费在活着别人的人生。不要为教条所困,那意味着陷入别人思考的结果当中。不要让他人意见的噪音压过你自己内心的声音。而且最重要的是,有勇气去追寻自己的内心和直觉。它们在某种程度上已经知道你真正想要成为的是什么。其他的一切是次要的。

是时候开始质疑

你的生命中有什么信念是你想要质疑的吗?选几个并试着应用胡扯规

则测试法。然后再多试几个。不必着急，不要仅仅因为你已经知道它们是哪些，期望明早起来便摆脱了你所有的胡扯规则。胡扯规则力量强大，但它们不像那些对你影响最大的事物一样显而易见。在阅读本书过程中，我将继续分享各种策略帮助你舍弃胡扯规则，并替之以新的蓝图，激发更大的幸福、联结和成功。但是在你跃进新生活之前，你必须把自己从旧生活里解开。我喜欢回顾莱斯利·珀斯·哈特利（L.P. Hartley）在1953年的小说《送信人》（*The Go-Between*）里说的话语，"过往是异邦，在那里，他们行事与当下不同"。既然如此，这便是你的跨过边境的机会，去一些新的令人激动的地方闯一闯，发现一个全新的生活方式。

在你的质疑之路上，请记住：某些人将会和你说你是错的，你这是对你的家人、你的传统，或你的文化规范的不忠。或者说你这样是自私的。这是我想要你明白的点。有人说心脏是身体里最为自私的器官，因为它把所有最好的血液留给自己。它占有了所有最好的血液，最富有氧气的血液，然后再分配给其他各个器官。所以在某种意义上，也许心脏是自私的。

但是如果心脏不把最好的血液留给自己的话，心脏将会停止跳动。如果心脏停止跳动了，其他器官也会跟着死亡，肝脏、肾脏、大脑。在某种程度上，心脏为了自己的存活必须自私。所以不要理会那些人和你说你这样做是自私的，追寻自己的心是错误的。我鼓励你，我允许你，去打破规则，跳出传统社会的规范去思考。父亲的胡扯规则不应该传递给儿子。

超越胡扯规则的人生

当你开始以这种方式重塑你的人生，你便获得了一种全新的掌控感和控制感，敢作敢当，为自己的人生负责。因为你在决定你将遵从哪些规则，人生由你做主。你不能躲藏在谁或什么正在阻碍你的借口之下。这也取决于你是否采取负责任的态度，应用胡扯规则测试法，去保证在你前进的过程中不会违反黄金法则。

过这样的生活需要一定的勇气。当你对某个胡扯规则达到了一定的痛点，并意识到你不能再忍受它时，放下这个胡扯规则的感觉有点像放下你生命中某个重要的社会结构。超越胡扯规则的人生会十分吓人，且充满惊喜和欢乐，通常三者都有。人们兴许会阻挠你，找你麻烦，但是你必须准备好在你追寻自己的幸福的途中不抛弃不放弃，勇往直前。

我喜欢回忆我的朋友也是女演员和著名的密宗瑜伽老师萨尔姆·伊莎多拉的建议："那些让你因为你选择自己的人生并走自己的路而感觉内疚的人，只是在说'看看我，我比你好，因为我身上的锁链比你更大'。打破这些锁链需要勇气，这样才能开启你崭新的人生。"

你在地球上的日子有限，所以请在每一个珍贵的日子里尽情起舞，面对自我。多思考，怀有一颗开放心，并有勇气去改变生命中不再起作用的东西，且愿意接受改变所带来的任何结果。你也许会发现你比你曾想象过的要飞得更远。

要是……我们放在我们脑海中的所有规则和方式，根本就不存在呢？要是我们相信它们在那里，仅仅因为我们想要认为它们在那里呢？所有的道德规范、繁文缛节和我们认为让我们变得更好（或者最好）的每一个决定……要是我们认为我们

生活在普世规则里
第 1 部分

已经让一切达到了最好,但我们并没有呢?要是为你而生的路是一条你从来不敢去走的,因为你从未看见过你自己走上那条路呢?然后要是有一天你意识到那是你要走的路,你会去吗?或者你会选择相信你的那些规则和理由,即你认为对的和所希望的?要是你认为对的和所希望的,是走上另外一条路呢?

——乔贝尔(JOYBELL)

PART
第 2 部分

觉 醒
选择属于你的版本的世界

• The Code of the Extraordinary Mind •
10 Unconventional Laws to Redefine Your Life and Succeed on Your Own Terms

孩童时期，我父亲给我报了跆拳道课。跆拳道是韩国版的空手道，以锻炼自律和用来自卫。我超爱跆拳道。每一年，我们都被要求精进自己的动作，让自己得以进阶。我从白带开始练起，慢慢地到了黄带、绿带、蓝带、红带，最后练到了梦寐以求的黑带。

色带，在以前是一种有讲究的方式，让学生们得以一步步地向大师级别进军。它让成长变得更加容易，更能激励学生，而不是给一个模糊的目标说"成为跆拳道大师"。每一个色带都是对我们勤奋和所取得进展的一种宝贵认同。

本书亦然，也将觉醒水平划成不同等级。随着你从第1部分进入到第2部分，你的觉醒水平也会升级到下一个等级。如今大部分人依然生活在普世规则之中，或说停留在第一等级，被数世代的胡扯规则所困。

当你看清了胡扯规则的本质时，你内心的某个部分便开始悄然改变。你不再满足于现状，而开始制定你自己的规则。你开始质疑，你质疑得越多，你的意识水平层次越高。你的意识水平层次越高，你便成长和蜕变得越多。你成长得越多，你的人生则变得愈加卓越。

在这个点上，你已经上升到了第二阶段：觉醒。如果我在餐巾纸上将这个画出来，会长这个样子：

觉 醒
第 2 部分

第一阶段：
活在普世规则之中。
X 代表着潜在的胡扯规则。

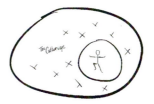

第二阶段：
你学着在普世规则中创造
属于你的版本的世界。
在你的世界里，也就是将
你包裹的圆圈里，你得以
进行判断和筛选。

将各个小 X 看作普世规则里的胡扯规则。你通过在普世规则中定义你自己的规则，从而创造属于你自己的世界。

在这个更高的阶段，你用来影响世界和实现自我成长的工具，便是我所提到的"意识工程"。你可以把它看作你和普世规则之间的交互界面。你可以决定什么能进入，什么不能，从而再定义你世界的规则。

你选择相信什么样的想法和价值观？我们把这些叫作"现实认知"。你将如何生存、学习和成长？我们把这些叫作"行为方式"。在接下来三章，你将选择那些能助你走向卓越之旅的现实认知和行为方式。

第 3 章

练习意识工程
学会通过有意识地接受或拒绝普世规则从而加速我们的成长

> 如果你想教给别人一种新的思维方式,请不要直接教。相反,请给他们一个工具去用,他们将在实操中学会这个新的思维方式。
>
> ——柏克明斯特·富勒(BUCKMINSTER FULLER)

从计算机工程到意识工程

虽然我做计算机工程师的经历十分悲惨,但是这段经历的确给了我一个优势:一种思维方式。这对挑战普世规则里的胡扯规则非常管用,这种思维叫作计算机思维。

计算机思维让你从各个角度来看问题——将问题分解成各个步骤(分解),识别其模式(模式识别),并以一种非常逻辑且线性的方式进行处理(算法)。目标不仅仅是得出一个结果,而且是可复制的,意味着任何人(男人、女人或小孩,来自印度、马来西亚或北美),都可以得到相同的结果。计算机思维让你具备高度的逻辑性,是一种非常好的问题解决工具。这便是程序员和黑客们的撒手锏。

觉 醒
第 2 部分

自从我 9 岁打破牛肉胡扯规则的那天起，我便想质疑生活中的方方面面。在我父母对质疑的允许下，我开始以一种"我们为什么这样做"的视角来看待生活里的一切。

但是，我从未想过我会把它应用到人类大脑上。

10 个月从穷困潦倒到人生赢家

为了解释我如何找到你将在这章和接下来几章学到的迈向卓越的工具，我必须把你带回到我人生的低谷期。

每一次的低谷，都藏着成长的机会。2001 年，我刚从大学毕业，搬到了硅谷创业。那年我 25 岁，那时候还没有像 Y-Combinator、500 Startups 这种支持有抱负的年轻工程师和他们互联网梦想的基金。钱很难筹措，尤其是对于 25 岁的年轻人来说。我带上了我所有的积蓄，向父亲借了些钱，便开始闯荡。

时运不济。刚搬去硅谷没几个月，互联网泡沫破裂。我记得报道说 2001 年 4 月有 14 000 人被解雇。失业聚会，即失业者聚集在一起借酒消愁，已成常态。我走投无路，能在网络上找到的工作机会都投了简历，但却石沉大海。因为没有钱，我连一个房间也租不起，更别说一套公寓。所以我租了一个沙发。

它还不是三人的，而是两人的。所以晚上睡觉时，我的腿便悬挂半空。伯克利学院的学生为了改善自己的财务状况，所以把自己最不喜欢的家具租给了我。伯克利的沙发上，旁边的暖炉周围，便"躺"着我人生的全部。我所有的衣服、书籍、电脑和我破碎的梦。作为一名计算机工程毕业生，我依然住在大学城里，还发现这里大部分人的生活环境比我都要好。人生之悲惨，莫过于此。

有一天，在又一轮麻木的简历投递之后，我终于得到了一个回复。它来自一个正在寻找能打电话给律师事务所并出售案件管理软件的公司。这是一份靠打电话赚钱的工作，纯佣金制。如果我没卖出去，那就没饭吃。由于经济不景气，创业公司可以侥幸不付基本工资。

我对销售和市场营销一窍不通，但是这是我唯一到手的工作，所以我接受了。

在办公室里的第一周，我们就被分配到各自负责的区域。我负责的区域是得克萨斯州圣安东尼奥市。

工作大致这样：我必须去到旧金山公共图书馆，拿到一份圣安东尼奥市黄页复印件，再找到律师事务所，然后从 A 到 Z 一个个打电话给律师，直到有一个足够无聊的人愿意听我的推销而不挂电话。因为我的老板怀疑得克萨斯州的律师发维申（Vishen）这个音的能力，于是为了方便，我改名成了文森特·拉克雅礼（Vincent Lakhian）先生。

工作前几个月，我每个月大约赚 2500 美元的佣金，几乎不够在旧金山湾区生存下去。

记得第 1 章里那幅描绘卓越人生本应起起落落的图吗？我便在又一个将帮助我学习和成长的低谷期。

烦闷无聊，加上轻微抑郁，我开始在网上搜索各种课程，好让我的思绪从这份苦差事上离开一会儿。我不记得我究竟在谷歌里输入了什么关键字，可能是"希望"，也许是"成功"，或许是"为什么人生这样糟糕透顶"。于是，我注意到一门关于冥想和直觉的课程。

课程在洛杉矶，似乎不错，尤其是主讲人在做医药销售，谈到了这些方法如何帮助她迅速提高了她的销售量。好！我一激动，便决定立马飞过去上课。当我到了之后，却发现我是那儿唯一的学生（那时候冥想还不像现在这样流行）。我在一天内完成了整整两天的课程，然后当晚飞回旧金山。

觉　醒
第 2 部分

　　我立马开始应用我所学到的一些技巧。其中一个简单的技巧，是通过冥想让我的大脑达到阿尔法状态。阿尔法，是一种在冥想中让你处于放松状态的脑电波频率。提倡此类冥想的人说，阿尔法把你和你的直觉、创造力和问题解决能力高度连通。我学到的一个关键部分，便是倾听我内心的声音或直觉。我在打电话的时候，练习该方法。我不再在黄页上从 A 到 Z 给每一个律师打电话，就像我同事所做的那样。相反，我让大脑先进入一种放松的冥想式状态，手指在名单上往下移动，然后打给那些让我感觉到一股冲动的号码。这种冲动通常感觉像猜测，但是我格外留心。我意识到这逻辑上根本说不通。但是我发现聆听我的冲动，不知怎地让我打过去的律师更可能进行购买。我的成交率开始迅速上升。

　　你会期望从学习冥想中得到多少改变？我当然没有期望太多，除了学习放松和更好地减压。但是在我从洛杉矶回来后的第一周结束，我这一周的销售成绩史无前例的好。我觉得这不过是一次意外，不会长久。但是，我下周成交了两笔。再下周，情况变得更好了。1 个月过去，我达到了成交 3 笔的水平。聆听我的直觉，似乎把我打给一个愿意购买的律师的概率增大了 3 倍。

　　其他方面也发生了积极的变化。我一整天下来感觉更加开心和积极，我的自信心和与同事的亲密感也上升了。我把这些积极的改变归功于我现在每天冥想 15～30 分钟，聆听我的直觉并想象我轻松完成交易的情景。

　　然后我开始使用另一项技巧：一个简单的共情技巧，为的是更有效地与人产生联结。在和律师交流之前，我会告诉我自己说，我将能和我的潜在客户在潜意识层面上产生联结，感受到他或她的需求，知道在对的时机，说对的话，从而（只有在这个软件会真心帮助到律师的事务所的情况下）达成交易。在冥想的过程中，我会想象律师就在我面前，再想象我向他们传递出真诚的善意。最后，我会以一个心理肯定结束 3 分钟的想象练习，说如果这是对各方利益最佳的话,那么我们将会达成交易。

再一次,我看到我的销售成绩迅猛增长。没过多久,我便卖得比公司里的任何人都要多。因此,我26岁且没有先前的销售经历,却在接下来的4个月得到了3次提拔,晋升为销售主管。在2002年9月,就在我加入公司的9个月之后,我的老板派我去纽约市负责管理公司的纽约办公室。

我在公司里持续成长,我也持续试验、调整和改进着我的冥想练习。我的工作能力似乎随着每一次的改进而随之提升。不久,我便在做着两个人的活儿:商务拓展经理,管理公司在谷歌关键字广告上的广告投入;管理纽约办公室。我在两个岗位上都表现出众,薪水在短短几个月便涨了3倍。

那时,我还不能解释所有的这些成功为什么会发生。我只知道我正在做的事情是有用的。

当计算机思维遇上个人成长

我在销售领域的迅速晋升,激发了我对解密人类大脑的极大兴趣。我意识到我们能通过逻辑的方式提高我们的业绩,比方说阅读一本关于销售的书籍,这样本无可厚非。但是,与此同时也有能戏剧般地提升我们的业绩的技巧。我所学到的只在一周内便改变了我的人生。

我的计算机思维冒了出来。我想要分解人类行为,把看上去如同一团巨大而缠结着的疙瘩给解开,弄清楚人类各种思绪、行为、反应、情绪、冲动、动力、渴望和习惯背后的秘密。

随着我越来越擅长冥想和各种意识练习,我越来越想要把这些东西教给别人,因为这些对我超级管用。所以,我辞掉了软件销售的工作,创办了一个小型电子商务商店,叫作Mindvalley。我们的首批产品,不过是从老牌出版商那边采购的冥想类光碟。随着Mindvalley的成长,我开展了尽

觉 醒

第 2 部分

可能多的业务,教人们正念、冥想、沉思练习、如何拥有更好的亲密关系、营养与健康,诸如此类。基本上,是那些为了让我们拥有更富足、更健康和更有意义的人生所真正需要的知识,那些我们的工业时代教育系统没能教给我们的知识。不久后,我们便出版了众多美国领袖级思想家的作品,覆盖健康和心灵成长领域,从肯·威尔伯到维珍再到迈克尔·贝克威斯。我在 2003 年以 700 美元不到创办了 Mindvalley。12 年之后,没有向银行借过一分钱,也没有引进风险投资,公司已经成长到 200 名员工的规模,拥有超过 500 000 名付费学员。

在那时,我得以和美国许多人类发展领域上的顶级人物建立深入的私人关系。我曾在美国作家兼励志演说家托尼·罗宾斯(Tony Robbins)的邀请下,在他的斐济庄园里度过 9 天时光。我曾和著名的生物黑客戴夫·阿斯普雷(Dave Asprey)一起把大脑连到电极上,以研究意识的不同层面。我遇见过来自印度的大师和精神领袖、处于顶峰期的亿万富翁、商业上或社会上的传奇人物。在每一次的会面、采访和经历后,我开始解剖、吸收和重组从他们身上学到的东西,进而搭建了本书的框架。

今天,我着了魔似地寻找新的模式和系统,为了让我们更好地了解自己,从而达到梦想中的最高水平。我的黑客心态不断推动着我,去寻找最有效的可复制的方法,进而将最棒的成果带给最多的人。于是,我便开发了将要分享给你的这个工具:意识工程。

人类意识操作系统

如果你有一台计算机,你可能时不时地必须要安装一个新的操作系统。过去 20 年,Windows 95 让位于了 Windows 8。我在密歇根大学上一年级时用的无聊透顶的 1996 版苹果系统,让位于如今我们看到的美轮美奂的

Mac OS 苹果系统。每过几年，我们会更新机器的操作系统，让计算机运行得更快，性能更优良，能轻松处理越来越复杂的任务。

但是，我们有多少人想过给我们自己的大脑更新操作系统呢？意识工程，便是为人类大脑而生的一款操作系统。其美丽之处在于，极其简单。它总结来讲，就两个东西。

1. 你的现实认知（你的硬件）

你的现实认知，是你对于世界的种种信念。在第 2 章里，我们谈到了大部分我们信以为真的规则存在于我们的大脑里，并被那些正如史蒂夫所说的"不比你更聪明的人"所安放在那里。当今的人类社会正基于前人所积累下来的种种信念而运作着：我们的经济系统、对婚姻的定义、所吃的食物、进行教育和工作的方法。这些都是很久以前那些生活环境与我们现在大相径庭的人们所创造的。

一部分人在成长过程中，习得了能赋予人能量的信念。然而，我们大多数人至少也有几个消极信念。重要的是意识到，无论这些信念是什么，它们之所以成真，是因为我们选择相信。所以，在某种程度上，我们的信念的确塑造着我们的世界。

虽然你的信念塑造了你，但是你的信念不等于你。你可以使用意识工程去置换出旧的信念，从而换上新的，去接受能更好为你服务的信念。

用计算机打个比方，把你的现实认知看作是计算机的硬件。想要一个更快的机器或者更高分辨率的显示器？把旧的替换成最新的即可。想要更多内存？把你 250 兆的硬盘换成 500 兆的就好了。信念也是如此，当一个旧的信念不再服务于你时，你绝对有权利去换掉它。然而，我们不换。当你用胡扯规则测试法去挑战你的胡扯规则，进而用更管用的规则替换掉过时了的规则时，你便是在升级你的硬件。因此，你的操作系统也将达到最

觉醒
第2部分

佳工作状态。换句话说，就是你正在选择你所相信的东西，而非盲目地前进着，从而将人生的掌控权重新夺回手中。

替换掉过时的现实认知至关重要。一般来说，我们的现实认知不过是对于生活中的大小事情创造出来的感受而已。令人吃惊的是，它们似乎影响着我们每一天所经历着的现实世界。

所思即所得

我们的现实认知让我们成了现在的自己。问题是，正如我们在第2章所看到的，许多现实认知并非是理性选择的结果，而是盲目的模仿。我们对于生活、爱情、工作、养育、身体、自我价值的信念和看法，通常是我们先天倾向于模仿别人及周遭行为的产物。你对于世界的看法和信念，塑造着现在的你和你在这个世界里的人生经历。改变你既定的现实认知，你的世界将发生翻天覆地的变化。

举个例子，研究员埃伦·兰格（Ellen Langer）博士和艾丽雅·克拉姆（Alia J. Crum）博士曾开展过一项研究，并于2007年发表在《心理科学》上，研究中她们询问了84名酒店女佣，她们进行身体锻炼的程度。你或许认为在如此多的诸如打扫酒店房间的体力活的情况下，她们会回答说"家常便饭！"但是，虽然她们一天打扫大约15间房，1/3的人却说她们没有进行任何的身体锻炼，另外2/3的人说她们没有定期锻炼。现在，任何一个曾用一整个周末的时间打扫屋子的人，都会和你说打扫一个房间、更换床单、除尘等，是一项繁重活儿。然而，基于女佣们的现实认知，她们并不把她们的工作活动当作是锻炼。当研究员测量女佣的身体健康程度时，发现她们似乎和那些久坐办公室的人差不多。

接下来，有趣的事情发生了。研究员在女佣的大脑里植入了一个新的现实认知。她们告知其中的44个女佣，她们日常工作达到了疾病控制中心（Centers for Disease Control，CDC）的运动标准，并超过了卫生局

（Surgeon General）的标准。研究员还和女佣们简要地计算了各种清洁活动所消耗的卡路里总量，并拿她们的工作做类比。简而言之，研究员转变了这44名女佣的一项信念，向她们提供给了新的信息，告诉她们其现有的工作，实际上就是在锻炼。

1个月过去了，研究员跟进。不可思议的是，那些被灌输了健康信息的女佣平均减重2磅（约0.9千克），血压降低，基于对她们体脂、身体质量指数（BMI）和腰臀比的测量数据表明，她们的健康程度"显著提升"。然而那些女佣告诉研究人员，她们的日常活动并没有发生改变。唯一改变的是她们被灌输了健康信息，即研究员所提供的事实。研究员已经成功地替换出了女佣们一项旧的现实认知，并植入了一个新的。研究员让女佣们把她们的工作当作"体育锻炼"，结果使得女佣们的身体发生了实际的变化。

于是，研究员总结出了著名的安慰剂效应，即实验结果纯粹受一个人思维模式的影响，而不是因为某个特定药物或治疗方案的作用。而这，同样影响着人们的锻炼效果。

很神奇，是不是？仅仅是因为安装了一项新的信念，说她们的工作实际上就是体育锻炼，有益于身体健康，便带来了显著的积极改变。想象一下这可能意味着什么？我们是否可以以此激励员工更加投入工作？或者鼓励人们减肥？如果大脑真的如此神奇，以至于能通过一项信念的改变而影响健康状况。想象一下如果我们将大脑的力量用于调控我们的情绪、自信心、幸福程度和其他一切决定着我们生活质量的东西，那这将意味着什么？

酒店女佣的研究生动地表明，虽然你的现实认知不等于你，但是它们却让你成了你现在的模样。当你意识到这点时，你便能替换出一个无效的或者过时的模式，换上一个更有效的，从而获得不可思议的力量去改变你的世界。让我们回到电脑的比喻上，在你的电脑硬件没办法再胜任你需要

觉　醒
第 2 部分

做的事情时，你便换上一个更快的、性能更优良的硬件，比如一个更高分辨率的显示屏或者一个更好的鼠标。在过去 30 年，我们的电脑已经变得如此的高效和先进。如果我们的大脑也能达到相同的更新速度，岂不妙哉？然而，在谈到更新我们的现实认知时，我们许多人还停留在 1980 年的苹果系统，不愿换成最新的系统。我们紧抱着自己的旧模式不肯放手，拒绝升级。

研究里，酒店女佣仅仅因为一项新的信念被安装进她们的大脑里，便使得其体重下降并变得更加健康。如果你能把你对于爱情、工作、身体、赚钱能力的信念替换成新的，那将发生什么？我们将在下一章里探索如何做到这一点。

在我学到了信念的力量之后，我选择了各种特定的帮助我保持健康活力的现实认知。比如说，我已经决定要活到 100 岁。于是，我选择了一项现实认知，说 7 分钟的早间锻炼能让我得到在健身房的几个小时一样的效果。所以，我现在 40 多岁的身体比我 20 多岁时更健康，状态更佳。我还决定换上另一项新的信念，说工作是生命中最让人快乐的事情。因此，我每天享受着我所做的事情。我们所有人都有这个能力去决定将要采纳什么样的现实认知。不过，你得做出选择。

现在，你就能采纳一个最有效的现实认知，即你的现实认知是可被置换的这个想法。你不必继续戴着年幼时的镜片来看待和认知现在的世界。我将在下一章向你展示如何换上一系列更新的、更优的信念。不过，还有一个重要的部分需要看看。

2. 你的行为方式（你的软件）

你的习惯，或者行为方式，是你依据你的现实认知所做的事情。如果现实认知是人类大脑的硬件，那么行为方式则是软件。行为方式包括了你的日常活动和习惯，比如说，饮食习惯（基于你对于营养的信念）、工作习惯（基于你对于被认可的职业和工作行为的信念）以及理财习惯（基于你对于赚钱难易程度或对于有很多钱的愧疚感或荣耀感的信念）。还有许多其他的信念，从你如何抚养孩子，到你如何做爱、交友、锻炼、解决问题、完成工作上的项目、改变世界，还有玩乐。

新的行为方式层出不穷，俯拾即是。问题是我们工业时代的学校系统，在让我们的行为方式与时俱进上没有做得很好，没有人教我们关于运动、爱情、饮食或者甚至是快速阅读和延年益寿的最优方式。我把行为方式看作是应用软件，你能轻松地下载和更新，这取决于特定的目的，或想要解决的问题。不管用了？下载最新的版本即可，已修复之前所存在的故障。找到了一个更好的？卸载掉现在这个，换上新的就好。关键在于识别你当前所运行的软件，做足自我检测的功课，以快速发现你需要升级的行为方式。

所有的这些，现在把我们带到了第三定律。

> **第三定律：练习意识工程**
>
> 　　卓越之人明白现实模式和行为方式是自我成长的两大领域，他们小心翼翼地选择采用最有效的现实模式和行为方式，并时常加以更新。

如今现实认知和行为方式的局限之处

我们当前的模式和方式有三大局限：

1. 我们的现实认知是由我们成长的环境所决定的。

觉 醒
第 2 部分

2. 我们的现实认知（无论好坏）决定着我们的行为方式。简单来说，坏的信念创造坏的习惯。

3. 我们当下的模式和方式缺乏意识练习，我们仅仅才刚开始意识到大脑的力量。

为了理解这三点局限，我们需要站在局外人的视角，来审视我们当下的世界。这说起来容易，做起来难。于是，为了了解如何改良我们当下的模式和方式，我决定去到远离现代西方社会的文化环境里走一遭。

从亚马逊雨林学到的神奇课程

克里斯蒂娜和我赶在日落之前，到达了厄瓜多尔亚马逊雨林深处。我们的小型飞机从位于雨林边境的一个叫作普约（Puyo）的破落小镇起飞，飞过一片林海，着陆于雨林中心的一块土跑道上。坐船，步行，几个小时过去了，我们到达了廷克亚斯（Tingkias），这是属于阿丘雅（Achuar）部落的某个家族的村庄。最近的"文明"城镇在几百英里开外。围绕着我们的是一片绿色、潮湿的雨林和无数野鸟、野兽的叫声。我们将在这里待上5天，过一种完全不同的生活，体验不一样的文化，在这里许多人类文明的规范，从睡觉到照顾我们的身体，再到饮水或祷告，将被彻底挑战。

生活在厄瓜多尔亚马逊雨林的阿丘雅族人繁衍生息，极少与外面的世界接触。他们在1977年才为西方世界所知，所以和他们待在一起，相当于和一个相对而言未经现代人类沾染的文化近距离接触。因为极少与外界接触，所以他们的现实认知和我们的大不相同。我不是在说那些常见的文化差异，比如食物、穿着、音乐和舞蹈。如果你在历史课本上读到关于阿丘雅族人的介绍，你会难以想象这样的人居然还存在于今天的星球上。

许多我们认作是绝对真实的，比如说"人要喝水"或"吃早餐"，对于他们来说毫无意义。和阿丘雅人生活在一起，让我大开眼界。我在那里的所见所闻，深刻地转变了我所认作是事实的东西。

第一课：我们的现实认知是由我们成长的环境所决定的

在你走到村庄后，你正准备洗个澡，喝一大口水。你可以在附近的池塘里洗澡。但是如果你想要喝水，你便不走运了。因为你洗澡所用的水塘，部落里每个人也在这里洗澡和游泳，是附近唯一的水源。水里充满了细菌，不建议饮用。

我们认为所有的人类都会喝水。你兴许还把这当作了绝对事实，就像我们在第1章讨论过的一样。但是，阿丘雅人因为亚马逊雨林里没有洁净的水喝，便发明了一种巧妙的应对办法。即女人采集丝兰根，将其煮沸捣烂，然后重复咀嚼，将嚼烂的根吐进一个碗里。她们将这种丝兰和唾液的混合物与池塘里的水再混合，放置若干天。混合物发酵，生成会杀死细菌的酒精。最后你得到的不是水，而是某种酒，叫作吉开酒（chicha），由部落妇女的唾液发酵后组成。每一位妇女都会为她的丈夫（一夫多妻制）和孩子酿造这种饮品。每位妇女所酿造的酒由于其唾液味道不一尝起来也不同。女人每天花好几个小时咀嚼，制作吉开酒。与此同时，男人出去打猎。这是一项大工程，因为整个部落要喝的都在这里了。

吉开酒味道如何？好吧，对我来讲，真的难喝，仅仅因为我还没有喝习惯。对于阿丘雅人来说，这是人间佳酿，男人打完猎，回到家，对其求之不得。这对于我们来说听上去很奇怪，但是对于他们来说却是完全正常。而这，便是他们在地球上最坚苦的地方之一的存活方式。

喝水是正常的吗？对于大部分人类来说，是的。但是对于阿丘雅人来说，喝水是不正常的，且难喝。我们对于正常的定义是别人灌输给我们的。

所谓的文化，真的只不过是历史的捉弄。没有必要分出对与错、是与非。就像阿丘雅人的生活方式没有对错一样，我们的文化是数千年的各种观念升起、碰撞、消亡和争夺主导权的结果。但是，我能向你保证一件事：

觉 醒
第2部分

我们的文化绝不是由纯粹的理性选择而创造的，很多是模仿和偶然的结果。然而，我们固守着我们的文化，无论好坏，就像这是唯一的生活方式似的。当你看看阿丘雅人，再看看我们，你会发现人类文化几乎每一个方面、我们的日常生活，都是具有可塑性的、可替代的、为我们所控制并值得质疑的。

第二课：我们的现实认知（无论好坏）决定着我们的行为方式

阿丘雅人的现实认知里没有关于上帝的概念，而大部分人类有着关于上帝的现实认知。相反，他们相信动物和植物掌握着人类的灵魂，这些灵魂能通过言语以及标志和人类进行沟通。为了和这个世界沟通，他们饮用死藤水（一种天然植物药物）致幻，从而引发超自然体验。

在一个路过我们村庄的巫师的带领下，我决定经历一次阿亚华斯卡（ayahuasca，同死藤水）仪式。我跪在他面前的平台上。在黑暗中，我看不见他的脸，只见他抽的烟草闪烁出的奇异光影。时间变得不再真实，仿佛回到了远古时代。巫师嘴里念念有词，将白烟吹到我的脸上，用树枝轻轻敲打着我，接着喂给我一小口珍贵的死藤水。

一切暂时无恙。然后突然：一阵不可忍受的痛袭向我的肚子。阵痛袭来，我跪倒在地，头悬在平台的边上，并开始剧烈呕吐。我的向导扶着我的双臂和双腿，以防我从平台落到地上。4～5分钟之后，我不再呕吐，但是身体变得非常虚弱，以至于几乎不能行走。我被扶到了吊床上。一闭上眼睛，我所能看见的就全部是碎片，就像万花筒一样在我面前绽放、移动和旋转。

当我睁开眼，转过身望向丛林时，树木就像巨大而友好的怪物，那种你在莫里斯·桑达克（Maurice Sendak）的书《野兽家园》（*Where the Wild Things Are*）里所看见的那种。就好像桑达克的名句"让狂野的大自然骚动起来吧！"不知怎的在我的大脑里响起，变成了召唤式的信号。我不知道我望着那树怪望了多久，直到我感觉到睡意。但是，当我一闭上眼，便被猛地推进了诡谲的万花筒世界。

起初我感到害怕，但是后来害怕转变成一种绝妙的平静。我感觉和森林、湿气和天空合为一体。这是一种非常美妙的体验，完全活在当下，没有过去，亦没有未来，感觉活着真好。最后我陷入了睡眠，直到破晓时分醒来；而后我和大家一起进食，讨论我们的体验。

阿丘雅人对于森林灵魂的相信，使得他们借由死藤水的方式去体验神圣。类似的，我们许多行为方式也反映了当时社会环境里一些特定的信念。但是，在现代社会里，我们之所以养成各种习惯，仅仅是因为习惯了。这些习惯持续了如此之久，以至于我们甚至没有意识到是什么时候开始的。我们把当下的各种方式当作事物原本的方式，但是你若细究，会发现其实不然。这些方式也许便来源于，你从生长的文化环境中所吸收的各种信念。

第三课：我们当下的模式和方式缺乏意识练习

我们许多模式和方式纯粹是物质层面上的，所吃的食物、如何照顾身体、美容养生，诸如此类。但事到如今，几乎不见任何心灵和灵魂方面行为方式的创新。

阿丘雅人每天早晨4点起床，召集部落，围着篝火，喝一种特定的叫作wayusa的茶。喝茶时，他们会分享彼此的生活经历、烦恼忧愁以及前夜所做的梦。我们大多数人不花点力气，恐怕想不起前夜做的是什么梦。我们倾向于把它们看作一闪即逝的画面，隔天不久就忘记了。但是，阿丘雅人把他们白天的经历和晚上的经历看得一样重要，他们似乎同时活在清醒的世界和睡梦中的世界一样。言语交汇之际，他们一起解决问题，冒险，并进行灵魂层面上的交流。他们在喝茶时分享自己生命中的各种事情，年长的人会听着并给予建议。早茶，是一种心灵净化的仪式。

觉 醒
第 2 部分

是阿丘雅人在记忆梦境上有天赋吗？或许，但可能不止于此。我们和著名慈善家兼人道援助人员琳妮·特威斯特（Lynne Twist）一起走进的雨林。琳妮告诉我，她是如何接触到阿丘雅人的。她曾重复地梦见脸上带有明显红色标记的土族人，他们似乎在召唤着她前来帮助。当她向她的朋友们描述这些画面时，一个朋友谈到，她所描述的面孔很像阿丘雅人。这便是琳妮之所以来到厄瓜多尔，和这个部落相遇的原因。由于伐木公司和石油公司砍伐了一大片亚马逊森林，阿丘雅人正面临着从他们居住了几个世纪的家园被驱逐的危险。琳妮于是和厄瓜多尔及阿丘雅人合作，帮助制定法律，以保护多达 400 万英亩的热带雨林。

所有的这些，开始于那些似乎进入她的梦境以寻求帮助的来访者。是否梦境不止于我们现代社会所想象的那样？也许这和阿丘雅人清晨探索梦的世界有某种联系？

我们的现代世界究竟缺少了多少这种灵性体验和能力？就像和很难看见蓝色的 Himba 部落的人一样，我们是否也无法体验某些特定的灵性体验？

我们有身体，并且非常快速地更新着和身体相关的行为方式，想一想你在过去一年里所听说的或读到的新的饮食方式或健身方法就会知道。然而，我们的灵性进化却停留在昨日，未曾前进。我们许多人不满于传统宗教的教条，这并不是新鲜事。直到最近我们才意识到灵性的世界幅员辽阔，选择众多，不只是追随你家庭的宗教信仰这一条路。我相信我们的灵性行为方式亟须一次升级。这便是我为什么如此着迷于阿丘雅人晨间仪式的原因，他们通过分享彼此的梦境从而净化自己的心灵，并借由早茶净化自己的身体。

在接下来两章节，我们将继续谈论新的模式和方式，以帮助我们的心灵进化速度赶上身体进化速度。

奇怪的文化？

我们也许会觉得阿丘雅人的生活很奇怪，但是对于他们来说，我们似乎才奇怪。我们充满压力地赶着上班，把孩子留给别人照顾。我们一整天坐着，盯着一个发亮的屏幕。然后我们像疯子一般地健身，以燃烧掉我们前一天所吸收的卡路里。我们把老人送进养老院，并担忧着如何照顾他们。我们吞食药丸，以抗拒恐惧或者其他我们认为不好的情绪。我们服用药水，以保持清醒。然后吞食药丸，以进入睡眠。我们饮食过量，一部分由于拥有太多，一部分因为压力过大。每个部落或群体都有其烦恼。但是阿丘雅人教会我，我们所信以为真的东西，我们所定义成文化的东西——朝九晚五、婚姻、抚养孩子的方式、对待老人的方式和我们一整天所做的事情，都不过是一系列信念和习惯的组合体。我们之所以这样做，只不过是因为它们似乎在那时是不错的想法。当你意识到这个事实之后，你也能获得超越并升级这些文化习惯的能力。

升级我们的内心游戏

我曾经遇到过被称作是当今世界上最智慧的人之一——肯·威尔伯是美国最畅销的学术类著作作家，其25本书已被翻译成30余种语言。威尔伯创造了整体理论（integral theory），这是一套非常全面的哲学学说，融合了文化学、人类学、系统论、发展心理学、生物学和灵性学说等。很多人曾引用过肯的语录，从比尔·克林顿（Bill Clinton）到青蛙柯密特（Kermit the Frog）。其整体理论已被广泛应用于生态学、可持续发展、心理疗法、精神病学、教育医疗、政治商业、艺术和体育。作为本书研究的一部分，我花了5个小时采访威尔伯关于人类发展模型和意识进化的方式。

觉 醒
第 2 部分

我问肯的一个问题是，你觉得孩子们的理想课程表应该长什么样子。这是肯给我的回答：

> 人类的潜能尚未完全开发，仅仅因为我们没有在培养健全或完整的人，我们只是尽我们所能培养了一小部分或一小块儿。人类拥有的不仅是一般的意识状态，比如行走、做梦或深眠，还有着更高的意识状态，像觉醒或开悟，但是，我们的教育系统从来不教这些。所有我所提到的这些……没有哪一个晦涩难懂的，这些对于一个人来说，是非常基本和基础的东西。这样教育出来的人才是完整的。然而，我们并不这样做。所以，我相信如果有一天我们停止使用现有的这种片面的教育系统，并开始激发一个人全部的潜能的话，我们将会为这个星球和人类创造一个更好的世界。

意识工程不只是让你变得更快乐，尽管快乐是不错的副产品。意识工程的目的，是为了实现人类潜能的开发，从而让这个世界因为我们的存在而变得更好，哪怕一点点。

尽管有很多种方式来开发人类的潜能，但是我发现意识工程是目前最为强大的工具，因为所有的成长要么来自于你的现实认知的改变，要么来自于你的行为方式的升级。

现实认知的改变是一种顿悟或洞悉式的成长。这是一种突然的觉醒或发现，某个信念从而转变。一旦你接纳了一项比之前更好的新的现实认知，你便回不去了。这同样发生在我的身上，当我不再把我的工作当作工作，而是一种使命时。或者某人不再追随特定的宗教，而是探索自己的灵性时。

行为方式的改变，从另一方面来看，是一项过程式变化。这是一种在给定流程下，一步一步地升级。比如你先学会了骑自行车，后来学会了骑摩托，再后来学会了如何开车，便是这种循序渐进的过程。

你可以把自己看作一个高度兼容的操作系统，需要时，你可以随时安装新的硬件（现实认知）和下载新的软件（行为方式）。

简单讲，你应该时刻准备着改变和成长。

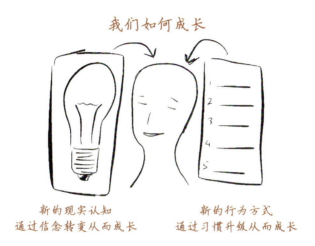

我们如何成长

新的现实认知
通过信念转变从而成长

新的行为方式
通过习惯升级从而成长

如何加速你的学习

意识工程让你做好准备，以前所未有的速度学习和成长，因为它在你的大脑中创造了一个思维地图。

埃隆·马斯克曾经在 Reddit.com 网站的问答中被问道："你是怎么做到快速学习的？"

他回答："知识就像一棵树，这一点至关重要。在你着手于树叶，也就是知识点之前，你需要理解基本的原则，也就是树干和大的枝丫，否则树叶无可依附。"

如果个人成长领域是一棵树，那么意识工程便是树干，两个大的枝丫分别是现实认知和行为方式。你在个人成长领域所学习的东西要么是现实

觉 醒
第 2 部分

认知（举个例子，一种新的金钱观），要么是行为方式（比方说，一种新的锻炼方法或饮食习惯）。这些都依附于这两大枝丫。

我发现在认识到这点之后，我能比以往更快地学习和成长。每一次你读到个人成长类或健康类的书籍时，或者一位卓越领导者的自传，你便开始寻找你能加以学习和替换的现实认知和行为方式。

在接下来两章，我将向你展示如何以最好的方式升级你的软硬件，从而加速学习过程。

我们每个人都有着如此多未被开发的能力。每一次在我们听到各种成功人士的故事时，我们才会想起自己未被开发的潜力。无论是一项创新，比如美国最伟大的发明家之一狄恩·卡门的发明，还是一位为自己的群体挺身而出的公民。我们把这些叫作勇气、才华、梦想甚至是奇迹。但是借用定期的意识工程练习，你将时刻准备着挖掘自己的潜能，让自己成为最好的自己。这一点，每个人都有机会做到。

接下来是一项重要的练习。当意识工程被应用于生活的方方面面时，其效果最佳。在此之前，我们需要了解两件事：其一，我们需要确定生活中有哪些领域可以练习意识工程；其二，我们需要精准地定位哪些领域需要做一些调整。

练习：12 平衡领域

我的朋友乔恩·布彻（Jon Butcher）是宝贝时光（Precious Moments）的董事长，宝贝时光是美国的一家著名陶瓷娃娃礼品公司。他是如今美国最成功的企业家之一，不过乔恩真正厉害的点在于他的生活超乎寻常的平衡。他似乎什么都有，财富、成功、完美的婚姻、漂亮的孩子和充满冒险的人生。乔恩现已为人祖父，但是身体非常健康，你甚至会把他错认成40多岁的人。乔恩的秘诀，他自己说道，在于设定人生目标的方式。

乔恩将他的人生分成12个领域，对于每一个领域他标出他的信念、愿景、策略和目的。这是最深层次的目标设定。当乔恩的朋友询问他的秘诀时，他会把这套方式教给他的朋友。这最后变成了人生书（lifebook），一个你可以在芝加哥参加的个人成长培训课，在那里你将花4天时间深入你人生的方方面面去创造一份详细的人生计划书。

我在这里所分享的，一部分是受到我于2010年所参加的乔恩·布彻人生书培训课的启发，一部分来自于自己的改编。我自己的12领域不同于乔恩的12领域。这样更加适合于你将进行的这项练习，以帮助你发现你当前所运行的软硬件，从而开始考虑哪些领域需要升级。我把这个叫作12平衡领域（twelve areas of balance）。每一个领域在你的人生中都扮演着非常重要的角色。这项练习将帮助你进行全方位的提升，不落下任何部分。

准备好开始你的意识工程冒险了吗？开始咯！

太多人过着不平衡的人生。他们也许很有钱，但是和家人的关系却很糟糕。或者他们也许非常健康，身材姣好，但是却为债务所累。又或者他们也许职场得意，但情场失意。真正卓越的人生不止于一面，而是方方面面。从整体上去思考，将帮助你避免收之桑榆，却失之东隅。12平衡领域曾帮助我稳住我的人生之船，现在轮到你了。

在下面的每一类，对该领域进行打分，1～10分认可程度逐渐加深。如果你手边有笔的话，你可以现在直接把分数写在每一类的

觉 醒

第 2 部分

括号里。每一项不要想太久。通常你最初的感觉（你的直觉）是最准确的。

1. **恋爱关系**。这项衡量你在当下的恋爱关系中的幸福程度。你正单身但对此怡然自得，或者正在热恋，或者正在追求某人。你的打分（　　）

2. **朋友关系**。这项衡量你的交际网络的牢固程度。你是否有至少 5 个能为你两肋插刀并乐于交往的朋友？你的打分（　　）

3. **冒险经历**。你花多少时间用于旅行、体验世界和做那些带给你刺激和新奇体验的事情？你的打分（　　）

4. **生存环境**。这项衡量你所在的外在环境的质量，一般来说是指你花时间所待的地方，包括你住的地儿、你的出行方式、你的工作环境——甚至包括旅行。你的打分（　　）

5. **身体健康**。基于你的年龄，你会对你的健康或身体状态打多少分？你的打分（　　）

6. **学习生活**。你成长和学习了多少？多快？你阅读了多少本书？你一年参加多少个讲座或课程？教育，不应止步于你大学毕业。你的打分（　　）

7. **个人技能**。你多频繁地提升你的核心技能，以助力你的职业发展？你正在精益求精？还是止步不前？你的打分（　　）

8. **灵性生活**。你花多少时间在灵性的、冥想式的或沉思式的练习，以帮助你保持心灵上的安宁与喜悦？你的打分（　　）

9. **职业生涯**。你是处于职业上升期？还是陷入泥泞？如果你有自己的生意，它是正繁荣发展？还是止步不前？你的打分（　　）

10. **创意生活**。你是否绘画、写作、演奏乐器或者参与其他帮助你表达创意的活动？消费者和创造者，你偏向于哪一个？你的打

分（　　　）

11. 家庭生活。在辛苦工作一天之后，你是否想要回家和家人待在一起？如果你还未结婚生子，你的家人便是你的父母和兄弟姐妹。你的打分（　　　）

12. 社区生活。你是否贡献于你所在的社区或社会，并扮演者一定的角色？你的打分（　　　）

你已经看到了你想要提升的领域了吗？那就对了，现在你有了一个清晰的起点，从这里开启你迈向卓越的旅途。到目前为止，你只需给每个领域进行打分。在接下来的几章，我们还会回到12平衡领域上来，帮助你确定你想要进行软件和硬件更新的领域。

第 4 章
改写现实认知
学会选择和更新我们的信念

> 我们的信念就像不经大脑的命令，告诉我们事情是怎么样的，什么是可能的，什么是不可能的，什么是可以做的，什么是不可以做的。这些信念塑造了我们的每一次行动、每一个想法和我们所体验的每一种感觉。因此，改变我们的信念系统是让我们的人生产生真实且持久改变的核心。
>
> ——托尼·罗宾斯（Tony Robbins）

在温泉边上来自僧人的建议

"你现在有时间吗？"一个年轻的僧人问我，"我们聊聊吧。"

我有时间吗？这是我们在斐济的最后一晚。我们围坐在一个巨大的桌子边，享用着我所见到过的最丰盛的佳肴。那是2009年，我和我那时的商业合伙人迈克一起做客于宏伟的那马雷度假村，参加9天的高级冥想课程。度假村的主人是美国作家兼世界级的培训师托尼·罗宾斯。我们组混合了不少有趣的人，包括好莱坞明星、股票大亨、前美国小姐，加上来自印度的管理着度假村的僧人们。我很荣幸受到托尼和他妻子的邀请加入这个组，并住在他们美丽的小岛上。

庆祝我们9天紧凑的自我探索圆满结束，在此期间我们试着真正了解

觉 醒
第 2 部分

我们自己和我们的潜能。在最后一天，我们被告知将和一名僧人有一次一对一的咨询会谈，僧人会给予我们心灵上的启示。

不知道什么原因，我所对应的僧人决定在这奢华的晚宴中途和我进行会谈，而我才喝完第三杯红酒。

但是当僧人发话时，你得听。"你想要去哪儿？"我问。

"让我们去温泉那边吧。"他回答道。

一切都很自然。

我们来到空旷的温泉池边，斐济的夜空繁星点点。我爬上了岸。他坐在温泉池边，双脚泡在水面。他看着我，说道：

"你知道你的问题是什么吗？"

"不知道。"我诧异地回应道。实话说，我有点不悦，"我的问题是什么？"

"你很自卑。"

什么？

"我并不这么看，"我尽可能保持理智，试着压住我上升的怒火，"我认为我很自信，我有自己的公司。我非常满意于我的人生……"

"不不不，"他将我打断，"你很自卑。这是你所有问题的根源。我观察过你。当你和你的合伙人进行头脑风暴时，他否定了你的一个主意，你变得不安并具有防御性。我打赌你和你的妻子相处时有类似的问题，和其他人相处也是如此。你不能接受任何批评。所有这些都来源于一件事，你很自卑。"

脸上就像遭到一记掌掴。温泉水变得火辣辣的。僧人是对的。在经过9天的冥想和自我反思之后，我对于这样的反馈更加开放，尽管良药苦口。

在头脑风暴时，我表现得的确过于有防御性，尤其是和我的合伙人在一起讨论时。在家庭事务中，我的确经常感到被伤害或被误解。但真正的问题不在于某人否定我的想法、没有在听我说话或者误解了我，问题的根

第 4 章 改写现实认知

源在于一个被我深埋于心的匮乏感,我不够⊖。

这是为什么我在会议中表现得具有防御性。我把别人对我想法的轻视当作了对我的轻视。

这是我之所以创业的原因。为了证明我很厉害,我是有价值的。

这是为什么我打造了我所在城市里最美的办公室。为了证明我能做到。

这是为什么我变成了有钱人。为了证明某些事。

我能看见这个"我需要向别人证明自己"的信念(这个我所持有了如此之久的现实认知),是如何把我送到了成功的怀抱。但与此同时,我也看到这个"我必须证明自己"的想法在我的生命中造成了巨大的伤痛。 在没有这个限制性信念的情况下,我是否能在我的工作和关系当中变得更加成功?而不必付出这么大的个人代价。

> **第 一 课**
> 现实认知深藏于心,通常难以察觉,直到某些
> 人或事物的发生和干预。

假如我发展出了另一种信念"我已足够,不必证明自己"的话,那会怎样?

我们的现实认知通常不为我们所知。但一些现实认知是我们所知道的。比如说,我知道我相信追求人生使命的重要性,我也知道我相信感恩的力量并认可与人为善的想法。但我们也有那些深藏于心的现实认知。你知道

⊖ 我不够,原文为 I was not enough。按"正念"用语习惯,"我不够"意指我没有意识到我本自具足、自性圆满,这种匮乏感和自卑感不断驱动我追逐外物、证明自己。

你所相信的,比你所不知道你所相信的要少得多。

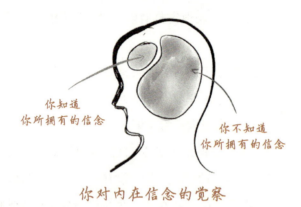

你对内在信念的觉察

我们所谓的成熟和迈向卓越,其实便是愈加看清我们所未看清的现实认知。

我没有意识到我有一项"我不够所以要证明自己"的信念。看清这项信念,并置换掉它,对我的生命质量产生了巨大的影响,让我成了一个更好的朋友、同事和爱人。

在本章,我们将探索我们过往的世界是如何将某些信念灌输给我们的,这些信念又是如何塑造了我们的当下,决定了我们的未来。我们也将探索如何发现我们隐藏着的现实认知,然后进行更新迭代。第一步便是了解我们是如何安装上这些模式的。

舞会中的女孩

像"我不够"这样的限制性现实认知从哪里来?对于我们大多数人来说,这些信念来自幼年时期。

我成长于马来西亚的吉隆坡市,但是血统是北印度血统,所以我和学校里其他来自中国或南亚的孩子长相很不一样。我有着不一样的肤色、更大的鼻子和更多的体毛。作为一名属于少数群体的孩子，这并不容易。我在小学时被人取外号，因为腿部长有腿毛而被嘲笑为"大猩猩"，因为鼻子较大而被叫作"鹰钩鼻"。这导致我成长过程中一直觉得自己是异类。我讨厌我的大鼻子和猩猩一样的双腿。

我 13 岁时，父亲把我送进了一家私立国际学校。班上的同学更多元，大家来自 15 个国家，我感觉多多少少正常了些。但是青春期充满了挑战。我脸上开始长粉刺而且长得很厉害，使得我不得不去看皮肤病医生。从 16 岁起，我便开始服用抗粉刺的药物。那给我在学校里招来了另一个外号：疙瘩脸。情况愈演愈烈。我的视力下降而不得不带上厚厚的眼镜，眼镜经常摔坏，我便用胶带重新粘好。这把我弄得像人们刻板印象中的书呆子，眼镜上还粘着胶带。你可以想象，青春期对我来说充满了坎坷。

在我人生的前十几年，我对外表的负面信念摧毁了我的自信。我不善交际。几乎不和朋友出去玩。我对女孩子有好感，但从来不敢约人家出来。

在密歇根大学，我把自己看作一个工程师极客，那种女孩子愿意做朋友但是不会进行交往的人。所以我发现我已经 22 岁大三了，却从来没有交过女朋友。

后来有些事发生了改变。这始于一个吻。

事情发生在大学舞会。我可能是一下子喝多了，居然正在和舞会上最漂亮的一个女孩子共舞，她名字叫玛丽。我知道她好几年了，一直仰慕着她，但是从来未曾接近过。

直到这一天，我不知道我哪儿借来的胆，居然和她在一起跳舞。我身子一向前倾，便吻了她。我立马回过神来，咕哝着类似于说"对不起，我不是故意的。"我以为玛丽会生气。

相反，她看着我说，"你在开玩笑吗？你超级迷人的。"于是乎，舞会

觉 醒
第 2 部分

上最漂亮的女孩子便抓着我,和我再次接吻起来。那天晚上顺理成章地成为我大学里最奇妙的一晚。

当某个现实认知发生改变时,你的整个世界也会跟着改变。我第二天早晨醒来,突然醒悟到,如果舞会上最漂亮的女孩子都认为我超级迷人,那么也许我没有那么讨人厌,也许其他女孩子也这么认为。

单单那一个发现,便终结了"我对女孩子没有吸引力"的信念。这彻底改变了我和异性交流的能力。多谢玛丽,我的爱情生活有所起色。我的外表并没有改变。但是在替换上了对于我外表的新现实认知之后,我似乎更加讨异性喜欢。真是不可思议,一个信念的转变竟让我的世界来了个180度大转弯。

在那之后不久,我遇见了另一个美丽的女人,克里斯蒂娜。我已经喜欢她很久了。我们做了很多年的朋友,我一直把她当作我的理想型爱人——美丽大方,相当聪颖。还有一头红发,我喜欢红发。

但是这次,基于我新的现实认知,我以不同的方式接近她。我们开始交往。3年后,我求婚了。现在15年过去了,我们依然在一起,生有2个漂亮的孩子。

第 二 课
幼时习得的消极现实认知通常依然存在

现在我在台上也不会感觉局促不安。我面对镜头也不会害怕我长什么样子。所有的这些都源于那个我仰慕已久的女孩子的一个吻,改变了我长期以来的一项现实认知。我还有很多正损害着我的现实认知需要治愈,但是这证明了在正确的情况下，即使再根深蒂固的现实认知也能被彻底改变。而那时，你将得到惊人的回报。

酒店房间里的催眠师

2015年我的一段经历帮我拆掉了另一项使得我无法积累财富的现实认知。我的生意一切正常，但是我对于占有利润回报感到非常不舒服。举个例子，我所举办的A-Fest活动是盈利的，但是我把所有的利润全部捐给了慈善事业，一分也没留下。我是好几个个人发展课程的合著者，但是我从未和对方谈过我应得的版权问题。这种不在乎物质财富的态度并不是件坏事。但是我也感觉到它产生的负面影响，它会限制我的生意和项目的增长。

2015年，我正快要结束新一届的A-Fest。这次的活动和我在2010年办的一样成功，位于克罗地亚，杜布罗夫尼克市。活动刚结束，数百名参与人正在离开。走进能俯瞰亚得里亚海的餐厅，我看见催眠治疗家玛丽莎·皮尔和英国企业家、也是她的丈夫约翰·戴维一起共用早餐。

玛丽莎是个传奇人物，帮助了许多有严重问题的人在个人成长领域实现快速而深刻的突破。玛丽莎是我遇见过的最厉害的人类信念系统转变者之一，她的工作和成就堪称传奇。她的客户包括英国皇室和好莱坞明星。

玛丽莎在A-Fest上的演讲获得一片热烈欢呼，并被票选为全场最棒的演讲。玛丽莎提到最影响人类的信念是"我不够好"。这个来自童年的信念一直被带进了成年生活，并成为我们许多问题的根源所在。

就在我们一起共用早餐讨论她的工作之际，我问玛丽莎她是否可以对我进行催眠。我从未经历过催眠疗法，所以好奇效果如何。

觉 醒
第 2 部分

几个小时之后，玛丽莎来到我的酒店房间，我们聊了一下对于这次治疗的目标。我的目标是：我想了解我对于金钱的态度。我好奇我是否有一些关于金钱的现实认知，也许需要摆脱掉。

玛丽莎通过筛选我生命中各种记忆和印象把我带到过去。我感觉我在意识的海洋上漂流，类似于浅眠，随着她声音的引导："回到你之前最开始拥有这个信念的时候。"

一瞬间，我看到了约翰先生，他是我还是青少年时候的一名老师。我很喜欢他，他是一位了不起的老师。班上的每个人虽然都很喜欢他，但是也很同情，他似乎一直都很孤独。我们知道他的妻子离开了他，我们也知道他住在一个小公寓里，没有太多钱。但是我们很爱他，同学们聊天时，经常感慨他这么好，却面临这样的生活处境。

"你能看见你也许在这个时候所发展出来的思维模式吗？玛丽莎问道。
我意识到我所内化的一个胡扯规则：

要成为一名了不起的老师，你必须恪守清贫。

我把自己当作一名老师，因为我经营着一家教育公司，也教别人个人成长，撰写相关的书籍。我的潜意识告诉我，如果要成为一名了不起的老师，我必须恪守清贫。

但是玛丽莎没有止步于此。她让我回到了另外一个瞬间。我看到自己坐在爸妈车里的后座上，那天是我生日，那时我也许 9 岁或 10 岁，我的父母正开车带我去商店买生日礼物。那时我假装睡着了，却听见他们谈论关于钱的事情，语气中透着焦虑。那时候我的父母不算有钱，但是却也足够生活。我妈妈是一名公立学校的教师，我爸爸做着小生意。我记得一阵内疚感袭来，对于生日礼物的内疚感。到了商店，我选了一本书。"就这些？"我妈妈问道，"你可以多挑一些。"所以我又挑了一个曲棍球球棒。妈妈说，"今天是你生日。你可以多选一些。"但是我不想给家里造成更多的经济负

第 4 章 改写现实认知

担。那段经历带给了我另一个现实认知：

我们继续。我回想到另外一个瞬间。那时我 16 岁，顶着烈日站在篮球场上。我的学校校长，一位身材魁梧的前举重运动员，不知道为什么似乎看不起我，虽然我是尖子生，但还是想要惩罚我。那天我忘了带体育课用的短裤。他为此让我在太阳底下罚站 2 小时。然后，因为我看起来丝毫不怕，他加大了惩罚，当着我的面给我的爸爸打电话，并对我说"你被学校开除了"。然后，他径直离开。

> 不要要求太多，否则有人会因此受伤。

当我爸到达学校之后，校长和他说，"我并不是真的要把你的儿子开除了。我只是想要吓吓他，让他长点记性。"因为一件小事而把家长请来了，我爸很是生气。

我被这样对待，也忍了。

"现在你已经成年了，你能看到他为什么这样对你吗？"玛丽莎问道。在我的脑海中，另外一个胡扯规则浮现出来：

> 不要太显眼，太显眼会招来麻烦。

我立马看到了这三个来自幼时的现实认知是如何以各种方式阻碍着我。我的这三个信念，"太显眼会招来麻烦""成为了不起的老师意味着恪守清贫"和"如果要求太多，就会让别人失望或者受伤"，一点一滴将我吞噬。我从来没有意识到我持有这三个信念。当这些信念被移除时，我的生命发生了巨大的变化。

而后几个月发生的事情变得不可思议。因为我"太显眼会招来麻烦"的信念不见了，我开始进行更多的演讲。我几乎是立马获得了两份主讲人邀请，并且拿到了到那时为止最多的演讲报酬。我越来越多地出镜，并雇用了我的第一个公关公司。那些采访和露面的请求像是从地缝里钻出来的一样。我上了三次杂志封面，越来越活跃于社交媒体，并看到我 Facebook 上的粉丝量剧增。

我也决定不必再做一名穷教师。我给自己在这 5 年里第一次涨了工资。

> **第 三 课**
> 当你将消极的现实认知替换成能赋予你能量的现实认知时，你的人生将会快速地发生巨大转变。

效果如何？就在 4 个月里，我的收入翻了一番。我的生意也开始增长，我们实现了新的销售目标。结果，这些信念不仅阻碍着我，而且还限制了我的生意和为我工作的人的成长。这些经历向我证明，清除一项旧的现实认知能对我们的生命带来多么大的影响。

大脑里的含义制造机

我们大多数人都有自己的消极信念。关于我们的外貌、对金钱的关系以及我们的自我价值的信念。这些信念可能来自于意想不到的地方：强横的老师、无意中听到的父母间的或其他权威人物的一次聊天或者我们喜欢的人的关注（或漠视）。

当我们相信这些东西是真的时，它们变成了真的。我们所有人都戴着由各种经历、意义和我们在经年久月中所形成的信念所构成的"眼镜"，来看待这个世界。

这就好像我们的大脑里有一个含义制造机在运作，对我们所经历的每一件事创造出对应的胡扯规则。所以，孩子们取笑我，叫我外号，这意味着我长得一定很丑。更不用说事实更可能是这群孩子只不过还是孩子，孩子们之间有时会相互取笑罢了。但是我那时也只是孩子，不够成熟，并不能理解这一点。所以相反地，我给自己安装了一个现实认知说我不讨人喜欢。

含义制造机日夜不停。幼年时有，成年后亦然：无论是约会，还是和你的伴侣、孩子相处，抑或和你的上司打交道，完成一项商业交易，被提拔（或没被提拔），不一而足。

我们对我们所看见的每一个情景附加以含义并信以为真，殊不知这些含义大多已被过分简单化，通常被扭曲并招致了危险的现实认知。我们战战兢兢，如履薄冰，仿佛这些模式是法律一样。虽然我刚才所描述的都是我的个人经历，但是科学家们已经开始研究这种现象，结论令人震惊。虽然坏消息是我们的现实认知会导致压力、抑郁、孤独和焦虑，但好消息是我们能将其更新升级。当我们换上更好的现实认知时，我们的生活质量显著提高。

关于我们信念的研究不胜枚举，下面举几个例子。

信念如何影响身体和健康

一个简单的建议便能由内而外地改变我们看待自己甚至是看待我们身体的方式。在《心理科学》所刊登的著名酒店女佣研究报告中，研究员注意到仅仅是"被告知她们所做的工作（打扫酒店房间）是一项很好的身体锻炼，并满足卫生局对于积极生活方式的推荐"，女佣们"相信她们自己比之前得到的身体锻炼要多得多"，所以和那些没被告知的女佣相比，"表现出体重、血压、体脂重和腰臀比的下降以及更合理的身体质量指数"。

更不可思议的是，在1994年的研究中，10名膝关节疼痛的男子同意参与一次外科手术以帮助舒缓疼痛。他们将要经历关节镜手术，或者他们这样认为。实际上，不是所有的10个人都将接受完整的手术。医学博士布

觉 醒
第 2 部分

鲁斯·摩斯利打算测试普遍流行的安慰剂效应，这种效应表明也许仅仅是一些普通的药丸对那些需要手术的严重病况也会产生实际作用。这10名男子为手术做好了充分的准备，并在出院之后随身带着拐杖和止痛药。但是摩斯利博士仅仅对其中两名进行了完整的手术；对其中3名进行了部分手术；对于剩下的5名，他仅仅做了3次缝合，所以病人们会看见缝合后的伤疤并感觉做了手术，但实际上并没有。摩斯利博士甚至自己也是在做手术的前一刻才知道哪个病人需要进行怎样的操作，因而他不会无意识间向病人泄露机密。当这10名男子全数出院之后，他们所有人都相信他们做过手术了，兴许能缓解他们的病痛。

6个月过后，这10位病人没有人知道谁做了真手术，谁做了假手术。然而他们都说他们的病痛被大幅缓解。

难以置信！真手术和假手术竟然起到了同样的效果。

随着威力不容小觑的安慰剂效应被广泛传播，所有现代药物在向公众公开之前都需要经过抗安慰剂效应测试。根据《连线杂志》（*Wired magazine*）所刊登的，"有一半的药物因为未能通过抗安慰剂效应测试而在最后的试验阶段被停用"。摩斯利博士的安慰剂效应能应用到手术当中的发现撼动了医学的基石。我们对于我们身体的信念，对我们的身体状况似乎有着神秘莫测的影响——或好或坏。

信念如何影响周遭

如果我们的信念能像这样影响我们的身体，它们还能做什么事情？我们的信念能影响我们身边的人吗？

罗伯特·罗森塔尔（Robert Rosenthal）博士在期望效应上的标志性研究证明，我们的生命如何被其他人的现实认知所影响，无论这些现实认知是好是坏。罗森塔尔博士发现，实验室的小老鼠在迷宫逃脱测试中的表现好坏取决于研究人员在接受培训时所持有的期望（简单来说，研究人员被告知有些小老鼠更聪明，有些小老鼠更笨。而实际上这些小老鼠，就是小老鼠而已）。在发现连实验室的小老鼠也会受到期望效应的影响之后，罗森塔尔博士将这项实验带进了课堂。首先，他对学生们进行了智商测试。然后老师们被告知有五名特定学生的智商比其他人的要高出很多，更可能会表现出众。实际上，那五名学生是随机挑选的。但你猜发生了什么？一个学年过去了，虽然所有孩子的智商测试成绩都有提高，但是那五个孩子的智商测试成绩显著提高。这项如今闻名于世的发现，在1968年被发表，叫作皮格马利翁效应。传说中皮格马利翁爱上了他所雕刻的一名美丽的女子，最后石雕活了过来，就像老师对于那五名学生的期望成了真。

罗森塔尔博士和他的同事花了接下来的30年论证该效应，并研究其中原理。商业环境里、法庭上和疗养院中同样发现了皮格马利翁效应的存在。总之：你的信念不仅影响着你自己，而且影响着你的周遭。你期望什么，便得到什么。

我们对我们的伴侣、爱人、老板、员工和孩子的行为创造了种种现实认知。但正如研究表明，我们的信念会影响别人回应我们的方式。你在别人身上所看到的那些让你生气的或不好的性格，有多少是你自己对于他们信念的折射？

这把我们带到了第四定律。

第四定律：改写现实认知。

卓越之人的现实认知让他们自我感觉良好，并为他们心中的梦想助以一臂之力。

更健康的模式：为了我们自己，也为了孩子们

每一个我们所拥有的消极现实认知真的只不过是一个我们给自己设定的胡扯规则，就像其他任何胡扯规则一样，应该被质疑。

在温泉边的僧人帮我看见我的自卑，并舍弃了"我必须证明自己以确认我自己的自我价值"的胡扯规则。玛丽的吻打破了我不讨女孩子喜欢的胡扯规则。我和玛丽莎的疗程粉碎了"好老师要恪守清贫""太显眼会给我带来麻烦"和"要求太多会给别人带来麻烦"的胡扯规则。

这些胡扯规则的来源主要是哪里？

这得从我们如何抚养孩子说起。

在第2章，我引用了历史学家尤瓦尔·赫拉利博士的话，把刚出生的幼童比作熔融态玻璃。孩子的确具有非常强的可塑性，在成长的过程中吸收了大量的信念，并针对他们周遭所发生的事情创造对应的含义。在9岁之前，我们尤其容易创造出错误的含义，并信以为真，而这些含义成了大脑里消极的现实认知。

在我们清除自己的限制性模式的过程中，我们也需要保证不给我们的孩子传递这样的消极模式。下面的想法也能应用到和成人的交往之中。请记住，我们的含义制造机永不停歇，并不会因为我们已经不再是孩子而停止运作。帮助别人摆脱旧有的、具有毁灭性的信念从而发展出新的积极信念，这样的机会一直都在。

我们如何在幼童期形成信念

作家谢莉·莱弗科和她的前夫莫蒂（莫蒂就在我撰写本书之际已经离开人世）发展出了一套非常棒的关于人的信念如何影响人们生活的理论。我有

一次问谢莉："如果让你给父母们提一条建议，你会说什么？"

谢莉说道："无论你和你的孩子做什么事情或处在任何情景之下，请问问自己，我的孩子将从这段经历中获得什么样的信念？你的孩子在事后是否会想：我刚才仅仅是犯了个错，我可以从中学到一些东西，还是我的存在是无价值的。"

有许许多多的机会去实践这条建议。

假设你正在和你的孩子一起吃饭，你的儿子把他的叉子弄掉在地上了。你或许会说："比利，不要这样。"现在他又把他的勺子扔到了地上。你说："比利，我和你说过多少遍，不要这样。你现在马上去角落里罚站10分钟，好好反省一下自己。"

你也许现在觉得这样处理是没问题的。你没有发怒，你只是让比利去角落里罚站。但是我们却正在失去影响比利对于所发生事情而形成的信念的机会。记得问问自己：我的孩子将从这段经历中获得什么样的信念？

也许比利是不小心把叉子弄掉的，所以当你训斥他的时候，他很苦恼：为什么妈妈不信任我？

他把勺子弄掉，为了去证实那个信念。果不其然，妈妈生气了，让他去角落里罚站。现在他形成了一项新的信念：妈妈不信任我，我给她惹麻烦了。然而站在角落罚站的比利又形成了一项信念：我的存在是没有价值的，我没有权利说出我想说的话。

看到含义制造机是如何运作的了吧？

谢莉的建议是，在这种情况发生之后，问问你的孩子："比利，刚才发生了什么？后果是什么？你可以从中学到什么？"

谢莉说得很明白。不要问比利："你为什么这样做？"为什么式的问题把一个孩子逼到了角落，会让孩子产生防御性。首先，孩子是具有情绪的，甚至很多大人也不清楚情绪的来源。再者，期待一个年幼的孩子心智足够成熟，去弄明白他为什么那样做是适得其反的。

相反，要问是什么式的问题："比利，发生了什么事情让你弄掉了那个勺子？"这让他有了向内审视和思考的空间。他也许回答："我把勺子弄掉是因为我以为你没有在听我说话。"是什么式的问题让你得以触及问题的核心，并更快地加以处理。

谢莉谈到为什么式的问题和含义相联系，含义总是人造的，来自相对事实世界的一个心智构念。即使比利知道他为什么把勺子弄掉，但那个含义也不是能赋予人能量的。触及事情本身最底层的部分——弄清楚是什么，让你得以和你的孩子一起为此做些改变。总而言之，谢莉建议当你和你的孩子结束一段互动时，问问自己：我的孩子会怎样总结刚才的那段互动？我的孩子在这之后是自我感觉良好，还是感觉是个失败者？他或她是否会想：我虽然犯了一个错，但可以从中学到些新东西。还是说，我很蠢？

即使你还没成为父母，这里的想法也是相当深刻的。试想想你可能从这个世界里吸收了多少危险的信念，虽然你身边的人可能是善意的，但人心不总是善良的。

改写现实认知的睡前练习

意识到我们幼年期吸收了多少有害信念，让我对于向孩子所说的每一句话都更加小心翼翼。久而久之，我便养成了一项简单的习惯，以帮助移除我的孩子心中的负面信念，以免它们在孩子心中扎下根儿。

下班后每天晚上，我会和我的儿子海登待在一起。我们把这个叫作"爸爸和海登的时光"。在玩完乐高积木或读完书之后，我会给海登盖上被子睡觉。与此同时，我会问海登两个简单的问题，以期望他能以一种积极的态度结束这一天。第一个，我让他想一想今天有什么事情让他感恩。可以是他睡着的柔软的床、一起玩耍的朋友、我们一起聊过的天或他所读的一本书。通过这种方式，我想告诉他，万事万物我们都可以去感恩。第二个，我问他："海登，今天你做了什么事情让你更喜欢你自己？"我让他分享他所做的事情。也许是一个表达善意的行为，他帮助了一位学校同学。或者是一件体现聪明才智的事情，解开了某个疑问或者更聪明地与人沟通。或许是他帮忙照顾了刚出生的妹妹。如果他一下子想不起来，我会分享我喜欢他的点。在睡前的玩耍时光里，我会留意他的小细节。在我给他盖被子时，便与他分享。就像上个礼拜，我说："我喜欢你所问的那个关于科学的问题。我觉得你在解决问题上很有天赋。"如果你能对你的孩子做类似的事情，我相信你的孩子长大后更能免疫于各种各样的胡扯规则，因为他们内心深处储存着丰富的安全感。

逐渐把这个习惯引入海登的生活中，是我所采取的一种方式，以让海登的现实认知不被胡扯规则所影响，但是什么时候开始这样做都不会晚。我支持你把这些练习融入你的睡前习惯当中，因此你可以在有害的现实认知生根之前加以铲除。下面两项练习对大人和孩子都管用。在每天睡觉之前让你的孩子或者你自己试一试。

练习：感恩练习

花几分钟想一想今天 3～5 件让你感恩的事情。
- 或许是今早出门时阳光抚摸在你脸上的感觉。
- 或是在工作路上所听到的音乐。
- 或是你在便利店买东西时和店员所交换的微笑和一声谢谢。
- 或是工作时和同事一起的一次大笑。

- 或是你的伴侣、好朋友、孩子或者宠物给你带来的好心情。
- 或是在健身房里教练所分享的超赞的锻炼技巧。
- 或是你回到家、踢掉鞋子，并庆贺一天过去了的一种惬意的感觉。

练习："我喜欢上自己的1001件事"的练习

想一想今天让你自豪的一件事或一个行动。也许没有其他人向你表达感激，但是是时候对自己道一声谢谢，表示肯定了。想一想你生活工作里的每一个细节。比如说你独特的个人风格？你在工作中解决了一项难题？你和动物的相处方式？你美丽的舞步？你华丽的投篮？昨晚亲手做的饭？你能记住从《小美人鱼》(*The Little Mermaid*) 开始的每一首迪士尼歌曲的歌词？事情可大可小，不过你每天需要找3～5件让你自豪的事情，为自己是谁而感到自豪。

你可以在早晨醒来或者晚上睡觉前做这项练习。从我自己来说，这项练习在温泉边的僧人点醒我之后不断帮助我进行疗愈。

玛丽莎·皮尔认为我们每个人心中都住着一个小孩，但这个小孩从未得到过所有他或她所值得的爱和感谢。我们没有办法回到过去。但是我们能从现在起负起责任疗愈自己，去给予我们自己曾经所期望的爱和感谢。你可以帮助疗愈你的内在小孩。

外在现实认知

到目前为止，我们已经讲到了我们如何看待自己的内在现实认知。但是外在现实认知对于我们生命的影响同样不可小觑。你的外在现实认知是你对周遭世界的种种信念。

下面四项外在现实认知是我决定安装在自己大脑当中的。

在我的人生旅程中，我慢慢接受了这四项外在现实认知。它们替换了旧有的模式，并对我的生命带来无尽的益处。请带着开放的心态读下去。

1. 我们都具有人类直觉性

这项模式取代了之前所认为的所有"知道的东西"要纯粹来自实打实的数据和事实。现在我非常相信直觉并在日常生活中运用它。直觉帮助我做出更好的决策，知道要雇用谁，甚至帮助我更好地进行创意表达比如撰写本书。还记得我凭借直觉助力我的电话销售生涯吗？人类既是逻辑型动物，也是直觉型动物。当我们同时使用这两种能力时，效果将是惊人的。

科学发现我们靠两套系统进行运作。一套是我们所谓的直觉系统，在我们的理性意识之下。直觉与我们的史前大脑区域相关联，运作起来快如闪电。另一套是而后进化成的理性系统，这是我们如今过度依赖的系统。

在一项研究当中，科学家给参与者两副牌，并和他们说将要玩一个赌钱的纸牌游戏。参与者不知道两副牌被动过了手脚：一副牌容易抽到大牌，是过山车式的——大输大赢；另一副容易抽到小牌，是平地车式的——小输小赢。在抽到了大约50张牌之后，他们理性认识到其中一副牌更保险。不过重点在于：他们的汗腺在抽了10张牌之后就知道有问题了。的确如此，参与者手部的汗腺在每一次伸向过山车式的牌时便会开始分泌汗液。不仅如此，参与者甚至与此同时开始无意识地更多地把手伸向了平地车式的牌。他们的直觉系统察觉到了，并不知怎的把他们引向了更安全的选择。

我相信人类直觉是真实存在的，随着更多的练习，我们能更好地将其运用于我们的决策制定当中。我不相信我们可以以此预测未来，但是我的确相信在做决定时所冒出来的直觉式想法。我会在日常生活中听听我的直觉怎么说。你也可以试试看。

2. 心灵对身体具有疗愈功能

之前我有谈到过我青春期生粉刺的经历。人际交往贫乏自不必说，我把大量时间花在了阅读上，我读到了一项练习叫作创造性想象。创造性想象是一项通过冥想和想象你所期望生命的样子的方式，从而转变信念的练习。创造性想象来源于人的潜意识区分不了真实经历和所想象的经历的这个想法。于是乎，我开始想象我的皮肤不断好转。我想象我的皮肤正在被疗愈，一天3次，一次只用5分钟。我使用那些对于我来说足够强大的意象：望向蔚蓝的天空，轻轻地伸出手，舀一抹蓝，敷在我的脸上。我看见蓝色慢慢硬化，进而脱落带走旧皮，留下光滑的新皮肤。这项练习主要是让我的潜意识产生一项新的信念：我的皮肤正在不断变好。

经过1个月的练习，每天3次，一次5分钟，我的粉刺问题被解决了。心灵疗愈法涉及意识练习，比如一定的正念或想象技巧，从而达到疗愈的作用。粉刺困扰了我5年之久，期间看过不少医生，但是都未得到好转。在练习创造性想象之后，我在4周内疗愈了我的皮肤，极大地增强了我的自信和自我价值感。

3. 快乐是工作的新生产力

我们大多数人被教育要努力工作。很少有人被鼓励要快乐工作。在发达国家，我们将近70%醒着的时间都用在了工作上。但根据多项研究表明，接近50%的人不喜欢他们的工作。这对如今数十亿的人们来说并不是个好消息。除非我们对我们工作里的某些部分是有热情的，否则我们生命的一大部分将毫无生气。

我相信，每天早晨叫醒你的不应是闹钟，而是你将要做的事情。从Mindvalley创立以来，我们秉承着"快乐是新生产力"的想法。我们独特的工作文化在于不仅要保证员工将事情做完，而且要做得开心。我们通过各种各样的方式来创造快乐。包括设计美轮美奂的办公室，设定弹性工作时间制，达到业绩目标时去梦幻的岛屿度假，几乎每周都有的社交活动和派对，从而加强人与人之间的联结和友谊。

这种工作时的快乐文化显著减少了在创建快速发展的公司期间所产生的巨大压力，并帮助我在经过长时间工作之后仍然保持清醒的头脑。任何一种工作环境都有可能创造这种快乐的文化。无论你是CEO还是自由工作者、助理或是经理，享受你的工作至关重要。和你的同事或者生意上的伙伴每个月甚至每周一起吃个饭。每天留意某个人工作表现优异的地方并给予肯定。或者接受理查德·布兰森的建议："我一直相信让你的员工在工作后时不时地来一波聚会有着巨大的好处，这样的聚会是创造家庭式氛围、自由且充满爱和欢笑的公司文化的重要原料。当你看见CFO一手拿着酒瓶，一边摇摇晃晃时，她对于你而言不再是表面上的上下级关系，这也是进步。"

简而言之，快乐和工作需要手牵手，一起走。

4. 追求灵性不一定要有宗教信仰

传统的现实认知如此言：我只有追随一种宗教信仰才算是追求灵性。但

觉　醒
第 2 部分

是是否有想过我们的灵性在离开宗教系统之后依然存在，道德品德并不依赖于某种宗教或对上帝的信仰。

存善念、行善行和黄金法则并不是只能通过宗教才能学到。在哈佛大学人文主义校牧格雷格·爱泼斯坦（Greg M. Epstein）的书《无须上帝的美德》（*Good without God*）中提到，当今世界上位于基督教徒、伊斯兰教徒和印度教徒之后的第四大类人，是人文主义者。人文主义的思想是我们不需要借由宗教来成为善良的人。人文主义不同于无神论，人文主义者相信"神"是存在的，但是不是许多宗教所表现出来的那种充满评判和愤怒的"神"。对于人文主义者来说，"神"可以是宇宙，可以是地球生命的联结，可以是灵魂。人文主义为那些不愿接受传统宗教的胡扯规则但也不信无神论的人开启了一条新的灵性之路。当今世界已经有 10 亿以上的人文主义者，他们的数量还在递增。

除了探索人文主义，你也可以试试创造你自己的宗教，将传统宗教的精华部分与自我经历相结合，而不必屈从于宗教系统的胡扯规则。在作家托马斯·摩尔（Thomas Moore）的书《属于自己的宗教》（*A Religion of One's Own*）中写道：

这种新型的宗教需要你从追随者的角色走向创造者的角色。我预见到一种新型的灵性创新，我们不需要再犹豫是否要盲目地接受既定的教条或遵从特定的传统。如今我们需要一种健康甚至是虔诚的怀疑精神。更重要的是，我们不必在宗教选择中倍感压力，而庆幸我们有如此多种方式达到精神上的富足。这种新宗教是个人灵感与启迪人心的传统的结合体。

我在离开宗教后感觉并不舒服。我相信更高层次的力量，所以纯粹的无神论者对我不适用。然后我尝试探索类似人文主义和泛神论的方式，并找到了我的答案。现在我吸收了人文主义思想、泛神论思想、诸如冥想的灵性练习，以及来自于我家人的印度教和基督教信仰，从而去粗取精，为我所用。

练习：在 12 平衡领域中检测你的现实认知

下面是上一章出现过的 12 平衡领域。你可以在你的电脑和日记本里写下你在每个领域里的现实认知。我列举了一些一般性现实认知以帮助你开始。你需要留意你在第 3 章中对每个领域所打的分和这里结果的关联。也就是说，那些你打分最低的领域也许是你存在着消极现实认知的地方。

1. **恋爱关系**。你如何定义爱？你期望在一段亲密关系中获得什么？付出什么？你是否觉得爱会受伤？你是否相信天长地久？你是否相信你有能力用力去爱？你是否相信你值得被爱？

2. **朋友关系**。你如何定义朋友关系？你是否相信朋友是一辈子的？你是否觉得你付出的比你的朋友要多？你认为交朋友是容易的还是难的？

3. **冒险经历**。你如何定义冒险经历？冒险经历意味着旅行？体育锻炼？艺术文化？在城市里还是郊外？去看看那些生活和你大不相同的人？你是否会为一次冒险腾出时间和精力？你是否觉得你需要为一次长途旅行存钱到退休？如果你离开你的工作或你的家人独自去旅行，你是否会感到愧疚？你是否觉得花钱在这样的经历（如跳伞）上是无用的？

4. **生存环境**。待在哪儿你感觉最为开心？你对于你现在居住的

觉 醒
第 2 部分

地方和居住的方式是否满意？你如何定义"家"？环境中哪一部分对你最为重要（颜色、声音、家具类型、靠近大自然或文化区域、整洁度、便利程度或者奢华程度等等）？

5. **身体健康**。你如何定义身体健康？你如何定义健康饮食？你是否觉得肥胖或其他健康疾病是基因决定的？你是否相信你会和你的父母活得一样久或者更久？你觉得自己保养得很好还是越来越不如从前？

6. **学习生活**。你投入多少在学习当中？你投入多少在自我成长当中？你能多大程度上地觉察并控制你的大脑和日常的思绪？你觉得你有足够的智力去实现你的目标吗？

7. **个人技能**。你认为你所擅长的事情是什么？不擅长的是什么？这些看法从何而来？什么阻碍着你学习新的技能？是否有些技能你打算就这样了？什么阻碍着你做出改变？有什么特殊的能力和性格特点你觉得最有价值？什么事情你会弄得一团糟？

8. **灵性生活**。你相信什么类型的灵性价值观？你如何进行灵性练习？多久一次？你的灵性生活是一个人进行的，还是群体一起的？你是否困扰于毫无吸引力的文化和宗教教条之中，却害怕如果抛弃掉这些会伤害到别人？

9. **职业生涯**。你对工作的定义是什么？你对职业生涯的定义是什么？在多大程度上你享受着你所做的事情？你感觉在工作中你是否被重视？你觉得你拥有成功所需要的东西吗？

10. **创意生活**。你认为你是充满创意的吗？你是否崇拜某一个充满创意的人？你崇拜他或她的什么优点？你正在进行的创意活动是什么？你相信你在某个创意领域上具有天赋吗？

11. **家庭生活**。你认为作为人生伴侣的主要角色是什么？作为儿子或女儿的角色是什么？你的家庭生活是否让你满意？在成长过程中对于家庭所持有的价值观是什么？你觉得家庭是一个负担？或者幸福的资产？

12. **社区生活**。你是否认同你所在社区的价值观？你认为一个社区的最高目标是什么？你觉得你有能力做出贡献吗？你是否喜欢献爱心？

改写现实认知的两个技巧

在做了以上的练习之后，你应该对你需要升级的现实认知有了一些想法。你不必去找一个僧人点醒你，或是通过催眠疗法来升级你的硬件。（但如果能通过一个吻便立马得到升级，岂不妙哉？）。卸载消极现实认知的方法包括顿悟：有时当你意识到这个模式之后，它便消失不见（就像我在温泉边所发生的事情一样），或者借由冥想、启迪人心的书籍及其他正念练习。比如一个人坐在房间里，回顾自己的人生，并不断问询，"我的这个现实认知究竟从何而来？"

随着你继续阅读本书，你将获得更多的顿悟和洞悉，从而打开自己，卸载特定的有害硬件。接下来也将会有具体的方式方法，帮助你更深入地觉察自己，摆脱旧的模式。不过现在这里就有两个技巧，你可以立马用来移除你也许日积月累的负面现实认知。两者都是基于在你无意识地接受一个现实认知之前激发你的理性头脑的原则。

技巧一：判断我的现实认知是绝对真实还是相对真实

世界上有些事情是绝对真实（它们对于每一种文化环境下的人类都是

觉　醒
第2部分

适用的，比如在孩子没办法照顾他们自己时，父母或监护人必须照顾他们；或者我们为了活下去都需要吃东西），然而有些事情只是相对真实的：不同文化处理方式不同，比如抚养孩子的方式、饮食习惯、灵性表达、恋爱方式等。

你的现实认知是绝对真实还是相对真实？如果你有一项现实认知并未经过科学验证，你不妨去挑战它，尤其是宗教信条。我还是孩子时之所以质疑我的文化里禁止吃牛肉的规则，是因为我注意到世界上成千上万的人都在吃。为什么我就不可以呢？

你的文化中是否有这样类似的规则，你知道这些规则对于大部分人来说是相对真实的？如果你觉得没有大碍，那么无妨。但是倘若它生了妨碍，导致你不得不按照某个特定的方式穿着，以某种特定的方式结婚，限制你的饮食或者让你以某种不喜欢的方式生活，那么不妨抛弃之。胡扯规则本应被打破。

要知道当今世界之下没有哪一种文化主导着大多数人，没有哪一个宗教操控着大部分人。要知道无论你的文化使得你去相信什么，但绝大多数的人类可能并不如此。并且你也可以选择不去相信。选择的力量是我们能给自己最好的礼物。

最好的建议是经常去聆听你内心的声音和你的直觉。要记得我们所有的现实认知都是有保质期的。甚至是那些我们现在认作是绝对真实的事情，也许在未来并不再是。这个技巧对于通过我们的文化和社会传递给我们的现实认知极为有效。不过要知道我们自己也会创造现实认知，通过含义制造机。现在是介绍技巧二的时候了。

技巧二：判断这是实际发生的，还是我自己所制造的附加含义

莫蒂和谢莉·莱弗科对于处理关闭含义制造机有一个有趣的方式。据

莫蒂说，我们每周能量产多达500条不同的含义。但随着我们学会问"这是真的吗""我是百分之百肯定这就是实际发生的事情吗"我们便开始减少这些附件含义的数量。

莫蒂说这个数量很容易从500减到200，如果你每隔一段时间便自我检查一下你是否在制造本不应存在的含义的话，接下来多练习即可。最后你不再对所发生的事情制造附加的含义。你将更少地产生压力和对他人的失望感，这有益于你的婚姻生活，并且我可以告诉你，这对你和上司及同事的关系也有帮助。我作为公司CEO，带着200名员工，我发现那些更好地管理自己的含义制造机的人是更卓有成效的领导者。

我相信处理过时现实认知最好的方式便是让它们优雅地离开，把它们变成历史。让我们庆祝我们的神奇之力吧，人生的旅程中，我们能不断进行情感、心智和精神上的进化，接受新的想法、观点、哲学、生活和行为方式。当足够多的人开始挑战胡扯规则并替换上最优模式时，人类便开始进化之旅。当足够多的人在同一时间更新他们的模式时，具有革命性的改变便像龙卷风一样席卷而来，留下全新的秩序，以集体觉醒的力量驱动前行。

> 真正的智慧不是你对这个世界的深刻认知，并在其中发现了内在秩序、逻辑和精神性。真正的智慧，在于明了是你的内在秩序、逻辑和精神性创造了你对这个世界的深刻认知，并能永远改变你对这个世界的认知。
>
> ——迈克·杜利（MIKE DOOLEY）

觉 醒
第 2 部分

现在你已经清晰地了解现实认知是如何产生的,并找到了你生命中的一些关键现实认知,是时候将这些收获和意识工程里的下一步相连接。在下一章,你将发现你的日常生活(你的行为方式)是如何吻合于你的现实认知,并学会如何优化你的行为方式,从而迈向卓越人生。

第 5 章

更新行为方式
学会持续更新行为方式从而获得美丽人生

> 我认为有这样一个反馈环非常重要：在这个反馈环中，你会不断地回顾自己所做之事，并反思如何做得更好。我觉得这是最好的一条建议：每时每刻，质疑自己，思考如何把事情做得更好。
>
> ——埃隆·马斯克

理查德·布兰森的秘密武器

内克尔岛繁星点点，海滩派对刚刚停歇，片刻的宁静慵懒地躺在时间的缝隙里。整个人像熟睡的猫咪一样放松，坐在那儿，望着恬静的星空，沉浸于周遭之美。这是我第二次拜访理查德·布兰森的私人岛屿。此行为4天的冒险之旅，和一群企业家一起。

我有机会和理查德坐在一起，进行不被打扰的一对一会谈。从人生到育儿和个人哲学，无所不聊。我的妻子和我想要第二个孩子，但是4年来，都还未成功。理查德真的就此给予了他的建议，教我如何增大妻子受孕的可能性。对我来说，这一直是一段有趣的回忆。让人印象格外深刻的，是他的真诚。

第 5 章　更新行为方式

我突然想到,我可是在和世界最伟大的企业家之一进行私人对话,或许我应该换个话题。别再聊什么如何增多精子数量,赶紧问问和他的领域更相关的话题。所以我问道:"理查德,你在 8 个不同的行业创立了 8 个不同的企业,并把它们全部带领到了十亿级水平,这真是非同小可。如果让你用一句话去总结是怎么做到的,你会怎么说?"

理查德并不掩饰,以圣人般智慧的口吻回答道:

"所有的秘密,在于寻找并雇用比你更聪明的人。让他们加入你的事业,给他们安排合适的职位,然后腾出空间来让他们大力干,并相信他们。你必须从中抽出身来,才能聚焦于更大的愿景,这是秘密所在。不过这里有件事要注意,你得让他们把自己的工作当成使命。"

用理查德的话说,这是他之所以能创建好几个颠覆游戏规则的企业的秘密武器。他所关注的点,在于雇用更聪明的人,给他们自由,再从中退出。聚焦愿景,打造使命驱动型企业。

行为方式是一种重复、优化的做事方式。早晨如何穿着打扮是一种行为方式,如何处理邮件也是。工作方式、育儿方式、日常运动、创意方法、如何做爱、如何处理关系亦然,所有这些通常都属于行为方式。

行为方式就像电脑里的软件,以执行特定的任务。行为方式是你每时每刻所做之事,从你早晨起来到晚上睡觉。比如在睡前你会穿上睡衣,读一本书,这便是一种行为方式。社会也有行为方式,包括教育系统、商业架构和社区系统。

行为方式从何而来?在第 3 章,我们知道他们来自于我们的信念。什么是对的,什么是好的,什么是健康的,什么是必需的,什么是合适的,什么是有效的。在人类潜能开发和迈向卓越的旅程中,行为方式是意识工程中除现实认知之外第二个方面。

问题在于,我们大多数人长久以来把行为方式变成了不可撼动的金科

第 2 部分 觉醒

玉律。比尔·简森（Bill Jensen）在他的书《强大未来》（*Future Strong*）中提到："尽管我们进入了人类历史上变化最为剧烈的时代，但是我们面临的最大挑战之一，在于如今所赖以生存的系统和架构已超过了它们的有效期。我们业已迈入了21世纪，然而20世纪的工具和方法却依然流行于世，阻碍着人类进步的步伐。"

更好的行为方式，更好的生活

好的系统应持续更新。当明明有最新的版本时，你还用着Windows 95，那就难以理解了。然而实际上，我们所运行的内部系统，即行为方式，却久久未曾更新。

行为方式，就像手机里可下载也可卸载的应用程序。如果你能换上赋予你能量的现实认知，并下载与之匹配的新行为方式，那么你的生命将以火箭般的速度前进。

在本章，你将学习如何以一种非常结构化的方式思考你的行为方式，从而在更少的时间里，做更多事，创造更多，并享受其中。

让我以内克尔岛那晚和理查德·布兰森聊天的经历为例。

我寻思着写一本书很久了，但是不知如何开始。我只是还未准备好。

我想要写一本既含有实操性练习，又不乏趣味性故事的书。在这一类中，我最喜欢的一本书，实际上是布兰森1998年的自传《致所有疯狂的家伙》（*Losing My Virginity*）。我超级喜欢这本书，因为它里面不仅有妙趣横生的个人经历分享，还有令人受益匪浅的个人成长经验。于是乎，这本书成了我写这类书的范本之一。

不过，我和布兰森相比，差距还有好几条街，无论是个人成就，还是人生冒险。所以我陷入了思维的泥淖，认为要等哪一天我的事业飞黄腾达，足以证明自己之后，我再着手写这样一本书。

在内克尔岛的那晚，我和布兰森正聊着育儿经，和分享着我的一些人生哲学。他打断了我，说："你应该写一本书。"

我怔了一下，一时语塞。布兰森这一句话，就像一颗小石子落入空旷幽深的洞穴，在我心中回荡起不绝的声响。他可能甚至都不记得自己说过这句话，但是我真的开始构思写这本书。

不过，我还是花了3年时间，才弄明白我想要写什么。

我又用了一整年的时间，将框架搭了出来。

我再用了3个月，完成了第1章的创作。

写作如同蝴蝶破茧的前夕，缓慢而痛苦。

我每一天更新着我的软件。

我找到了创作小标题的方法，寻得了搭建框架的工具，还形成了分享个人故事的风格。我甚至还测试了不同种类的威士忌酒，看哪种能帮助我创造最有趣的内容。苏格兰酒、肯塔基酒和日本酒一起比较，如果你一定要知道的话，结果是肯塔基的占边·波本威士忌胜出。

随着我不断调整这些软件，我的写作生产力指数式上升。现在我一天便可创作一章。3个月前，这几乎等于不可能。下图显示出我的效率曲线，随着我不断优化我的软件。你会发现，万事开头难，但慢慢走上正轨之后，写作速度陡增。

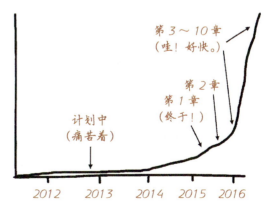

优化你的软件，在对你重要的领域上，你将同样经历指

数式的增长。

卓越之人善于发现卓越有效的行为方式

真正卓越的人不仅拥有卓越的现实认知，他们还追求更明晰、更结构化并持续优化的行为方式。

我试着每周优化我的行为方式，至少一种。我这样做，不是因为我感觉万事不顺，而是我知道尝试新事物多么刺激有趣。像下载一款新的软件一样，替换上一种新的行为方式，想一想都让人激动。

为了有效升级你的软件，有三个步骤可以参考。

1. 发现之旅。许多人从书籍、培训或线上课程中探索新的行为方式。也许，你读到过某种举重训练方式的成效，你研究了一下，决定将其融入你的日常锻炼当中。一两个月之后，你进行效果评估。或者，你在一次培训中听说了某种新的管理策略，便决定在你的团队中推行，看看效果如何。我养成了一种习惯，即广泛涉猎非虚构类书籍，关注那些对我来说重要的话题，包括育儿、工作和运动，从而持续发现新的行为方式。这就像在应用商店浏览软件一样有趣，当你找到一些对别人和自己似乎都管用的软件时，那种心情就像如获至宝。

2. 更新速率。更新速率是你更新行为方式的频率。比方说，我每过一年，便会尝试一种新的锻炼方式。2013 年，我跳莱美杠铃操，一跳就跳了 30 天。第二年，我以最低有效量运动法做实验，比如克莉丝汀·布洛克的全面蜕变项目（total transformation program）；今年我正在尝试壶铃。这些都不是随便选的，我是在阅读相关书籍，和那些热衷健身的朋友聊过并明确我自己的需求是什么（减掉腰间赘肉）之后，才选择这些。我每年换一次锻炼方式，不是因为之前的不管用了，而是我知道只有这样，我才不会感到无聊。而且，这样能保证不同部位的肌肉都得到锻炼，整个身体更加匀称和健康。

3. **底线和衡量方式**。你的行为方式成效如何？你的新软件比之前的真的更好吗？我们将看一看，在你更新行为方式的过程中，你将如何衡量并维持新软件的成效。人们经常忘记这个要点，你会衡量你行为方式的成效吗？所谓的底线，是你不允许自己逾越的某个水平。比方说，我对腰围有自己的底线，因此我保持相同的腰围长达10年之久。我在系我最爱的腰带时，通过看系到哪个孔，来测量我的腰围。只要我稍稍超过那个底线一点点，我便严格节食和锻炼，以恢复到原有的水平。我不允许自己买一条新的皮带。

接下来会介绍这三个步骤如何共同作用，以帮助你创造有效的行为方式，从而掌握你的人生。

发现之旅

帕特里克·格鲁福（Patrick Grove）是澳大利亚及亚太地区最成功的企业家之一，名列《澳大利亚商业评论》富人榜，人称亚太区IPO神童，他保持着看上去不可思议的纪录：创办了四家公司，并让每一家都成功上市。他也是我的一个好朋友。有一次，我在一家星巴克偶遇帕特里克，就在我们住的地方附近。我发现他在一张纸上正快速地写着什么，我询问他正在忙什么，他说："我正试着解决一个大问题。"

"是什么？"我问。

"我正试着找到在一年内赚一个亿的法子。"他回答。

我报以微笑，但我知道帕特里克是认真的，他是我所知道的最擅长思考的人之一。一年内赚一个亿，对大多数人来说听上去有如天方夜谭，但对于像帕特里克这样的卓越者来说，这个问题再合理不过。问题并不是"这

觉 醒
第 2 部分

是否可能？"而是"什么时候变成可能"。

那次相遇发生在 2008 年。2013 年，帕特里克做到了。他收购了三家东南亚小型二手车网站，重命名为 iCar Asia 集团，并在澳大利亚上市，估值超过一个亿。所有的这些，都发生在一年之内。

帕特里克喜欢离开办公室，给自己抛难题。他说，这样子商业灵感便会经常登门造访。他要保证自己有空间和时间做这件事，而我们太多人忙得没有时间思考，思考我们的做事策略，或做事初心。我把这个叫作"做 - 做"陷阱，你被需要做的事情所困，不知道你的行为方式是否已经过时，或是甚至根本不管用。

这是为什么像帕特里克一样的人会从办公室里离开，找个时间，找个地点，质疑自己的做事方式，并制定更大胆的新目标。

人要有自知之明。自知，是发现之旅的核心。时不时地停下脚步，细细研究思考一下。我知道不少人很自律，每周去健身房健身好几次。但是，你的健身方式是否是最优的？比方说，我每个月会有一次不去健身房锻炼，而是去阅读新的锻炼方式的书籍，或购买一款新的健身软件，或研究一种新的健身方法，让我在健身房的时间得到最佳利用。这便是发现之旅的含义所在，按下暂停键，寻求更好的行事方式。

在 Mindvalley，我们通过一种叫"学习日"的方式，来避免"做 - 做"陷阱。在每个月的第一个礼拜五，所有人放下工作（除非有事情非常紧急）充电学习，思考如何以更好的方式来工作。客户支持人员或研究个性化回复的艺术，或回顾客户的反馈，思考如何让我们的产品变更好。程序员或尝试一种新的编程语言。大家可以坐着看一整天的书，只要和他们的职业相关。借此，新想法得以冒出，新方法得以形成，新的工作方式也得以诞生。

无论是工作、健康、文化、个人成长，还是其他领域，发现之旅将伴随你一生。发现之旅不仅仅让你的生命变得更加有趣，而且让你在你想做的领域里做得更好。帕特里克·格鲁福是四家上市公司的董事长，他依然会腾出时间反思自己的做事方式。有人或许会说，人家可是四家上市公司的董事长，当然可以如此。但是，其实我们每一个人都能找到时间，以不同的角度，思考如何解决我们自己的问题，无论大小。

更新速率

你上一次阅读一本你感兴趣但是对该话题一无所知的书是什么时候？你上一次报名某个课程是什么时候？你上一次从朋友那儿寻求诚实的反馈是什么时候？你上一次坐在星巴克里，在笔记本上潦草地写下你想要追寻的疯狂梦想是什么时候？你上一次更新你的行为方式是什么时候？更新行为方式本身即为一种行为方式，而你更新你的行为方式的频率便是更新速率。

练习：你的更新速率是多少

让我们回到第 3 章提到过的 12 平衡领域。你最近有更新过这些领域中的任何行为方式吗？如若没有，是时候按下更新按钮了。

写下你想要做出改变的领域。可以是和伴侣的相处方式，可以是抚养孩子的方式，也可以是处理工作项目和人际关系的方式，或猎寻工作的途径。可以是舒适的环境，可以是远大的梦想，可以是新奇的经历，可以是灵性的洞悉，亦可以是创造力的提升。也许，你想要调整所有领域，也未尝不可。

重要的是，记得在你想要提升的领域上花工夫学习钻研。下面

觉 醒
第 2 部分

是12平衡领域,对于每一个领域和主题,我都推荐了我自己最爱的书籍,或许能给你带来新的想法。

1. **恋爱关系**。《男人来自火星,女人来自金星》(Men Are from Mars, Women Are from Venus),作者约翰·格雷(John Gray)。这本书优美而幽默,教你如何和异性相处相爱。

2. **朋友关系**。《人性的弱点》(How to Win Friends and Influence People),作者戴尔·卡内基(Dale Carnegie)。我在20岁之前读了7遍,值得推荐给所有人。

3. **冒险经历**。《致所有疯狂的家伙》(Losing My Virginity),作者理查德·布兰森(Richard Branson)。这本书将启发你去开始生命的冒险,享受追寻远大目标的乐趣。

4. **生存环境**。《大思想的神奇》(The Magic of Thinking Big),作者戴维·施瓦茨(David Schwartz)博士。这本书将启发你去提升生活质量,以更高的视角看待居家环境、办公空间、驾驶工具等。

5. **身体健康**。这里给男性和女性所推荐的书不一样。对于男性,推荐《防弹饮食》(The Bulletproof Diet),作者戴夫·亚斯普雷(Dave Asprey)。戴夫是我的朋友,也是世界上最出名的生物黑客。这本书是科技和饮食的邂逅。对于女性,推荐《维珍饮食》,作者维珍。这本书将挑战你看待卡路里和运动的视角,并展示一种新的角度。节食不在于你吃多少,而在于你如何在对的时候吃对的食物,把身体变成"化学实验室"。

6. **学习生活**。有什么方式比学习快速阅读以及提升记忆力更能优化你的学习生活?我推荐吉姆·奎克(Jim Kwik)的课程。

7. **个人技能**。《每周工作4小时》(The 4-Hour Workweek),作

者蒂姆·菲利斯（Tim Ferriss）。这本书将教你如何快速培养个人专长。

8. 灵性生活。《与神对话》（*Conversations with God*），作者尼尔·唐纳·瓦尔施（Neale Donald Walsch）。这本书是我所读过的和灵性成长相关的最好的书。不过紧跟着的是《一个瑜伽行者的自传》（*Autobiography of a Yogi*），作者尤伽南达（Paramahansa Yogananda）。这本书是史蒂夫·乔布斯的最爱。

9. 职业生涯。《离经叛道》（*Originals*），作者亚当·格兰特（Adam Grant）。这本书是我读到的关于如何提升工作创造力、跳出盒子思考、创造并推销想法的最佳书籍之一。

10. 创意生活。《艺术之战》（*The War of Art*），作者斯蒂文·普莱斯菲尔德（Steven Pressfield）。这本书将启发你重拾艺术家的力量，开始你的创意之旅。这也是我所遇到过的最为优美的书籍之一。

11. 家庭生活。我相信大部分家庭问题的根源来自于爱的缺失，所以我推荐《爱的掌握》（*The Mastery of Love*），作者唐·米格尔·路易兹（Don Miguel Ruiz）。

12. 社区生活。《奉上幸福》（*Delivering Happiness*），作者谢家华（Tony Hsieh）兼美捷步（Zappos）CEO。这本书将启发你去开创伟大事业，并积极地回报社会。

想要加速你的进程？不妨一周读完一本书。如果你觉得这个很难，可以先从快读阅读学起，更新你的阅读方式。使用一些简单的技巧，你便能迅速提升你的阅读速度。

觉 醒
第 2 部分

阅读，是一种简单而有力的方式，用以提高你的更新速率。不过，你也可考虑在线课程、学习小组、研讨会和向大师学习。帕特里克·格鲁福是一个学习迷。我们之所以成为朋友，便是我们对个人成长的共同兴趣，并一起参加过各种研讨会和课程。

我去内克尔岛，也是学习经历的一部分。我在那里结交了一群同样想要干一番大事业的企业家们，彼此分享想法，并和导师布兰森每天见面学习。我之所以创办 MindvalleyAcademy.com，是为了给人们提供学习新的现实认知和行为方式的机会。人们可以向世界上最伟大的导师学习，这些导师会在学院里举办在线研讨会进行教学，不少是可以免费参加的。

你越是找机会学习，并将你所学到的东西加以应用，你的更新速率就越快。

底线和衡量方式

将你的行为方式进行更新的确不错，不过一旦你养成了一个好的习惯，你将如何维持它呢？

本想要让自己的生活来个大转变，结果却发现成效微乎其微，其中滋味我想你懂。你好不容易减了几磅，体重却又不争气地回到了原来水平；或是回到了原有的拖延习惯；或是和以前一样花得多，存得少；或是不再和朋友定期见面；或是不再继续你的冥想练习；或是不再和你的孩子花时间一起玩；或是不再和你的心上人共度甜蜜时光。

我和大家一样，为此纠结过。不过我找到了一种策略，让在我回到过往的行为方式时，重新调整自己。我发明了一个工具，叫作绝对底线。

我给你举个例子，看我是如何将绝对底线应用在生活当中的。

我喜欢葡萄酒、威士忌、巧克力和芝士，但我也想要保持自己的身形。

因为在我的身体状态达到最佳时，我感觉最好，表现最好。

随着年岁增长，我采取了简单的心理策略和身体策略，以减缓衰老和保持健康的感觉。我对身体的"绝对底线"便是，在任何时候，我要能停下来做 50 个俯卧撑。没有借口。比方说，我刚下飞机，从洛杉矶到吉隆坡，共 24 小时，回到家，倒在床上，睡了个好觉。如果我从床上起来，发现做不了 50 个俯卧撑的话，那说明有问题了。50 个俯卧撑是我的健康指标。如果我发现做平常的 50 个俯卧撑变得吃力的话，那我便知道原因在哪，或是因为长途旅行，或是和家人与朋友一起吃得太好。而那时，我便知道我真的得留意一下我对待自己身体的方式，并做出改变。

个人耐力、财务状况、和孩子们在一起的时间、每周阅读的数量等，我们都能设置对应的绝对底线。

当情况变得糟糕时，绝对底线便是检测工具。红灯亮，则表明问题发生。

练习：你的绝对底线

底线，是你给自己定的，承诺不会逾越设定的绝对最小值。底线和目标不同，目标拉着你往前走，底线让你不会退步。你两个都需要。

任何对你来说重要的东西，你都可以划定对应的底线。秘诀在于：底线不仅防止你后退，还能随着时间的累积，让你得到提升。试想想，随着你年龄的增加，你的身材变得越来越好，你和伴侣的关系越来越亲密，财务状况越来越安全，和孩子们越来越亲近。这个底线思维超级简单，能让你获得不可思议的效果。那么，让我们

觉 醒
第 2 部分

开始划定自己的底线吧。

第一步：确定你想要划定底线的领域

看回第 3 章的 12 平衡领域，在哪一个领域你的得分最低？或比较弱？聚焦两到三个领域，划定具体且可实现的底线。你最后可以扩展到各个领域，不过先以对你来说真正重要的几个领域开始。

第二步：划定你的底线

接下来，针对你所选择的每个领域，进行底线划定。这一点非常重要：请确保你的底线是一定可被达到的。你马上就会知道为什么。

对于你可以衡量的事物，比如体重、银行存款，你可以确定具体的数字：我的体重底线是甲；我的银行存款底线是乙。你可以给自己的学习生活划定底线，比如我每个月读多少本书。你还可以给自己的工作划定底线，比如我每周花两个小时进行学习和研究，以提高我的工作效率或效果。越是具体，你越容易进行追踪，并真的遵守你的底线。

下面是一个范例，以展示如何基于 12 平衡领域划定对应的底线。

1. **恋爱关系**。为你们待在一起的时间划定底线，无论是约会的频率，还是一起健身的时间，甚至或是定期安排做爱。

2. **朋友关系**。为和朋友保持联络划定底线，比如一周至少给一个好朋友打电话，和朋友一个月吃一次吃饭，在朋友困难的时候每周送去鼓励和关心。

3. **冒险经历**。为度假或冒险的频率划定底线。我和我家人至少每年长途旅行两次，我们不必去一些异国风情的地方，或昂贵之地。我的目的是花时间陪陪他们，并有机会向他们展现我对他们的爱，一同创造难忘的回忆。你可以每个月去一个新的地方，即使就在你家附近，也未尝不可。时不时地，让你自己去探索新的世界，花钱并不是必需的，而你将见识更大的世界，更好的自己。

4. **生存环境**。为家居环境干净整洁度划定底线。比如每天早晨整理床铺，每晚保证水池里没有脏盘子，每次你收到了邮件便加以分类并回收那些不用留着的，等等。你还可以给你的生活质量划定底线，比如每周进行一次全身按摩或做一次 SPA。

5. **身体健康**。为身体健康划定底线。这个底线可以是将腰围维持在一定水平，可以是每周去一次瑜伽课或普拉提课，还可以是定期检查你的视力或血压。对我来说，是俯卧撑训练。

6. **学习生活**。为丰富你的学习生活划定底线。可以是每晚睡觉之前读几页书，可以是每周看一次画展或探索博物馆的一个展室，还可以是每个月看一次演出。一个不错的底线是一个月读两本书。

7. **个人技能**。每周花一定量的时间，在你的领域进行钻研。我的底线是，每个月拿出一天工作的时间，研究如何提高我的工作效率或效果。

8. **灵性生活**。可以是每天做 15 分钟的冥想，作为灵性练习的一部分；可以是每天读几页灵性相关的文学作品；还可以是为某个陷入困难的人祈祷或传递你的祝福。我在这个领域的底线是，每天至少做 15 分钟的冥想练习。

9. **职业生涯**。可以是加入某个职业群体，每年参加一定数量的会议，也可以是每个月读一本和职业相关的书籍。如果你打算转换职业，可以是每周读一定量的线上文章，以多了解这个新领域和进入该领域的策略。

10. 创意生活。选择和追求一种创意表达途径，为将其融入你的生活划定可实现的底线。可以是每天用20分钟写日记，可以是每周上即兴表演课，还可以是推动你正在进行或即将开始的创意项目。我的底线是每周进行一定量的写作。

11. 家庭生活。可以是每周花一定量的时间做一些和家人相关的事情，无论是和孩子一起，还是和全家一起，或者和你的父母，抑或是其他亲戚。可以是每过几天给你的爸爸妈妈打个电话，问候几句；可以是礼拜天全家一起出去吃早餐；还可以是每晚和孩子一起玩耍。

12. 社区生活。每年给公益事业捐一定量的钱，或者找一个地方定期进行志愿者活动。我的底线是每年捐一笔数目可观的资金，给我所相信的公益事业。

第三步：测试并调整你的底线

我每周对我的50个俯卧撑训练进行测试，如果我做不到50个，无论是因为我缺乏锻炼，还是我精力不济，或者我体重增加，我都会立马开启底线调整程序。

我的底线调整程序是一个让我重新回到正轨上的特定方式。就身体而言，底线调整程序便是为了让我的身体回到能做50个俯卧撑的状态所要做的事情。如果我做不了50个俯卧撑的话，我便立马进行为期一周的低碳水化合物减肥练习，让体重回到正常水平，加上每周去三次健身房健身。一般来讲，我一个星期便能回到原本的状态。

这本书出版的时候，我已经40岁了。我打算活到100岁，即使在那个时候,我也要能做 50 个俯卧撑,我不相信我做不到。

底线调整程序是这个过程里最关键的一部分,当你没法遵守你的底线时,你必须足够自律,进行改正,于是就有了第四步。

第四步:合理提高底线

当你达不到你的底线时,设定一个目标,比之前的底线要多那么一点点。假设 50 个俯卧撑是你的健身底线,如果你做不到了,那么要回到原来的水平的话,则设定比 50 个还多一点点的目标,比方说,51 个。如果你不再每周和你的伴侣共度良宵了,那么要回到原来的水平的话,除了每周和伴侣共度良宵,还要加上次日早晨的亲密时间。这就是合理提高底线的意思。不过需循序渐进,你一旦达到新的水平,不妨把那个作为新的底线。

现在你不仅不再"逆水行舟,不进则退",反而"芝麻开花,节节高"。当你把这种方式画出来的时候,会长这个样子:

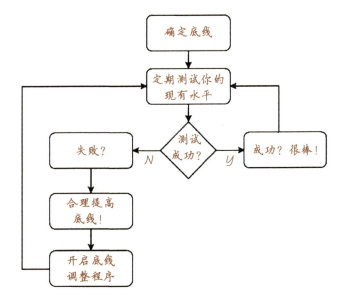

> 随着年龄的增加，大多数人身体各方面便开始衰退。但是当你应用绝对底线时，你虽年龄增加，反而逐渐成长。我相信，我们活得愈久，生命将会愈加绽放，只要你守住你的绝对底线。

底线的积极心理学

底线调整程序之所以管用，其背后有积极心理学在支撑。当我们没有达到目标时，我们会产生挫败感，这是人类天性。但是凭借着底线调整程序，失败不再是失败，反而成了新的挑战。如果你没有达到50个俯卧撑的目标，你可以设定新的目标。

51个俯卧撑，这就是新的目标。你将挫败感转化成了追求目标时的积极感受。

关键在于新目标要不难达到，比如我的底线调整程序是从50个俯卧撑转变成51个，而不是55个或60个。设定过高目标无异于惩罚，想要一口吃成胖子，这不切实际。稍稍调高底线会让你再次提起干劲，而不至于被失败击倒。

当你每一次提高一点时，你便踏上了持续成长和提升的道路。

这把我们带到了第五定律。

第五定律：更新行为方式。

卓越之人会持续地花时间发现、升级和衡量新的行为方式，无论是工作，还是生活，或是心灵。他们走在不断成长和自我革新的道路之上。

超越练习

我现在邀请你和我一起做一项练习。

如果你正在飞机或地铁上,或者其他有人的地方阅读这本书,那么我邀请你试着闻闻你隔壁人的气味。去吧,轻轻靠向他们,嗅一嗅。

如果你身边没有人,你可以闻闻你自己。

你闻到了什么?通常会是香水味、乳液味、一点点肥皂味,或体香剂的气味,抑或什么气味也没有。

那就对了。

但是如果你在150年前做这项练习,你会发现周围人有难闻的恶臭。那时,我们还没有每天洗澡的习惯,也没有人教我们刷牙。古龙香水通常是有钱人家在用。体香剂还不存在。在20世纪初,人类习惯了自己的汗臭。

如今,我们早晨起来做各种事情清洁身体,为一整天做准备。刷牙、洗澡、穿衣、喷古龙香水,所有这些,都是为了让我们的身体保持干爽。然而,数十亿人每天早晨起来,充满了焦虑、压力、紧张和恐惧,却什么事情也不做。我们认为这是正常的,但其实并不是。就像清洗身体一样,我们也有各种方式来清洗心灵,清洗掉这些负面情绪。

虽然"闻一闻隔壁人"的练习感觉很滑稽,不过相比于照顾我们的身体而言,我们的确忽视了照顾我们的心灵。

人们一早醒来,充满了压力、不安、恐惧和焦虑,我们的社会环境把这视若正常,但其实并不是。这些感受并不是正常的状态,而是一种警告,警告我们有事情要处理。我们不能对此安之若素。

觉 醒
第 2 部分

你本不应讨厌你的工作，一天下来，感觉身体被掏空。"快乐时光"不应是礼拜五的下班时间，喝着酒，庆祝着一周终于熬了过去。

我们可以更新行为方式，以摆脱这些负面感受，而不是借由药物或者不健康的习惯。鼓舞人心的是，这些行为方式正越来越受欢迎，并被证实能带来快速有效的转变。我把这些行为方式叫作超越练习，包括感恩、冥想、同情和祝福，这些练习将带领你超越一般的或者仅仅是物理层面的人类体验。

现在，你知道了如何发现、更新你的行为方式和划定对应的底线，接下来本书将聚焦于意识层面的行为方式，也就是超越练习。当应用于生活和工作时，超越练习将给你带来丰厚的回报。你会在下一章进一步了解。不过我想要先介绍一位具有世界影响力的女性，看看她是如何在商业世界和日常生活中，应用超越练习的。

阿里安娜·赫芬顿的心灵秘籍

2014 年，在阿里安娜·赫芬顿的新书《茁壮成长》（*Thrive*）刚刚面世时，我有幸得以采访她。我很喜欢阿里安娜，她一边以赫芬顿邮报为中心，管理着巨大的媒体帝国，一边还散发着恬静和温柔的气息。

阿里安娜和我分享了自从她开始在忙碌的一天里加入超越练习之后，她生命中所发生的一些转变。

阿里安娜的转变发生在 2007 年 4 月 6 日。她已经做了两年的赫芬顿邮报，取得了巨大的成功，但工作压力也很大。便是在那时，她突然意识到，成功的衡量标准不止于金钱和权力，还有第三个标准，但她从未想过。她和我说道：

在创业时，很容易被这种想法所欺骗，说我们必须加班加点地工作，要把每一件事都给做出来。当然，那时我们除了工作之外也有自己的生活。我一边忙着赫芬顿邮报的事情，一边带我的大女儿逛大学校园，看她想要申请哪一所学校。

逛完大学之后，我整个人筋疲力尽，加上严重的睡眠不足，如同被榨干。我不小心把头撞在了书桌上，脸颊骨受伤，左眼需要缝四针。就在我接受治疗的过程中，我开始问我自己这样的问题，从我们离开大学之后便抛诸脑后的问题："什么是成功？什么是好的生活？"我发现，我们所定义的成功，仅仅围绕于两个单一的维度，金钱和权力。这是一种十分狭隘的方式。这就像坐在只有两只脚的凳子上，迟早有一天，我们会从上面摔下来。于是，我给成功加上了第三个维度，包括四个方面：健康、智慧、奇迹和付出。

阿里安娜继续讲述她的日常行为方式，她提到了冥想：

我不仅仅想要工作的高效率或高产出，我还想要乐在其中。在 8 小时的睡眠之后，我每天早晨至少冥想 20 分钟。在星期天，我会冥想一个小时或一个半小时。我爱极了冥想。

然后我们聊到了感恩：

我以前醒来，第一件事便是查手机，现在我不这样了。我用这样的一分钟，来看看这天的安排，怀着对我生命里所有的幸运的感恩之情，再定下这一天的目标。这样让我立刻摆脱了原本不必要的压力。

我爱极了阿里安娜的分享。她的行为方式涉及了冥想、运动、感恩和目标设定。这便是世界上最有影响力的女人之一，如何开始她的一天。

我曾在演讲时做过一次观众调查，问他们在冥想上最大的挑战是什么。结果，最大的挑战是没有时间，我把这叫作忙碌悖论。冥想实际上让你一整天的时间变得更充裕，因为你得以找到更好的方式思考和创造，避免了无谓的时间浪费。

阿里安娜是个大忙人。她曾被《时代》杂志评为世界上最有影响力的人之一，也被福布斯评为世界上最有影响力的女性之一。

不过她告诉我：

这花不了你太多时间，但是却能让你的一天充满安宁、感恩和目标感。你我一天之中，事情接踵而至。每个人的一天都充满了挑战和困难，需要我们去应对。当事情不可避免地发生时，我的良好状态让我得以顺利将其解决，而不至于反应过激。我可以优先考虑我需要立马处理的事情，而不必担心不好的事情发生。

她建议你可以通过5分钟的练习，开始你的一天：

最后，你可以把它扩展到20分钟、30分钟或是更长。但是只要几分钟，便可为你打开另外一扇门，养成一种新的习惯，收获满满的好处。这些好处已被证实，我的书中对此有55页的科学性尾注。

我从阿里安娜那里学到的智慧，我估计可以写一整本书。她的的确确是一位了不起的女性，她所分享的许多已养成日常习惯的行为方式，促使她成了真正的卓越之人。

超越练习之后

我们可以把阿里安娜的智慧和第3章肯·威尔伯意味深长的话相联系，看到将超越练习应用到现实生活的必要性。

我相信我们即将迈入一个新时代，一个身体、智慧和灵魂合一的时代。随着我们在内心世界里愈行愈远，那便是本书接下来的部分将要探索的内容。

PART
第 3 部分

将自己重新编码
蜕变你的内在世界

• The Code of the Extraordinary Mind •
10 Unconventional Laws to Redefine Your Life and Succeed on Your Own Terms

在你练习意识工程时，奇妙的事情正开始发生。当你从束缚你的胡扯规则中解放出来，重新获得能量时，你的成长速度将飞快提升。

此时，一种更大的向往开始在你心中茁壮生长。

你想要做更多，创造更多，贡献更多。

本书第3部分将会告诉你怎么做到这些。

在之前的章节，你关注于外在世界，并知道了如何摆脱旧有的模式。现在我们将看向你的当下和未来，我们会关注于一个崭新的世界——你的内在世界，一个充斥着各种相互矛盾的习惯、信念、情绪、渴望和雄心的地方。我们将给这个地方带来美丽的秩序和平衡。

你将会问自己两个问题：

- 究竟什么是快乐？我要怎样做才能实现当下的快乐？
- 我对于未来的目标和愿景是什么？

你将会学到新的行为方式以大幅度地提升你的快乐水平，包括三个强有力的工具。我把这叫作快乐自律：把快乐当作一种自律。

你也会探索到如何为你的未来创造出令人激动的目标，而不被普世规则里的胡扯规则所影响。你将会学到目标和手段之间的区别：一个是救人的还魂丹,而另一个则是毒人的绝命散。所有的这些,只需要你问自己三个简单而深刻的问题。

当你享受着每一个当下的快乐,并被未来的愿景所牵引时,你的内在和外在世界便无缝对接。这种感觉,就好像是有上天保佑一样。当你处于这种状态时,人生似乎正以一种最好的可能性向你展开,如同被眷顾一样。对此我创造了一个词组,叫作改造现实世界。

第6章
改造现实世界
学会进入人类究极状态

> 逝者已逝，来者未至。左右顾盼，皆为虚妄。
>
> ——艾伦·沃茨，禅宗哲学家

Mindvally 的前世今生

刚踏出大学校门时，我不是人们眼中那种"最可能成功的模范生"，我前三年的简历长这个样子：

- 创业两次，失败。
- 工作两次，被炒鱿鱼。

在做了一段日子的沙发客之后，我终于在 2002 年获得了一份靠打电话谋生的工作，推销法律软件。因为业绩出色（感谢我在第 3 章所提到的练习法），我得以晋升为销售主管，并被调到纽约市，创立该公司的东海岸办公室。

接着，我遇到了另一个麻烦。

爱情。

我的女朋友，克里斯蒂娜，超级迷人，所到之处回头率百分之百。但是问题在于，她住在爱沙尼亚的塔林，距离我 4167 英里（约 6706 千米）。没错，我计算过。

我们试着每四个月见一次面作为补偿，在巴黎或希腊。我们如同一对不幸的情侣，为了节约开支，尽可能地选择在便宜酒店里，共度浪漫假期。你遇到了如此美丽的女子，却活生生被 3 年的异地恋给分开，一天比一天难熬。终于有一天，我决定结束这样的日子，原因有两个：关系上，我们俩迫不及待地想要住在同一个城市里；财务上，横跨大西洋的机票和假期花费让我几乎破产。

所以我向老板请了四个星期的假，去欧洲结婚和度蜜月，并去看看我们的朋友。一切都很顺利，但就在我和克里斯蒂娜一起回到纽约的时候，老板给我打来一个电话。"你知道我觉得你很优秀，我也真的喜欢你，"他说道，"但是我不能让岗位空着，所以我不得不找人顶上你的位置。公事公办。"

我顿时愕然。我没有美国绿卡，想找另一份工作，门儿都没有。克里斯蒂娜也是。"不过，"他接着说，"我可以给你推荐另一份工作，不过是之前薪水的一半。"

我记得，我就拿着电话，懵在那里，感觉灵魂片片地掉落。我尽可能保持冷静，结结巴巴地回复到，"呃，好。我愿意。"

内心里，狂风暴雨早已呼啸而过。

克里斯蒂娜没有绿卡，不能在美国工作。虽然日子过得越来越紧，但是我们不会放弃我们的美国梦。

塞翁失马，焉知非福。因为我的薪水被砍了一半，而且我还有两张嘴得喂，所以我必须找其他法子赚钱。我读过几本关于网络营销的书籍，再加上我已有的编程和市场营销的知识，我可以轻松地建一个简单的网站，批发产品，然后在网上销售。

因为我对冥想感兴趣，所以我觉得卖冥想类的产品是个不错的开始。我便注册了第一个我所能找到的便宜域名，mindvalley.com，开始了我的小小电商之旅。每天晚上下班回家，我就花点时间搞一搞。

第一个月，我亏了800美元。第二个月，我亏了300美元。第三个月，我扭亏为盈，每天能赚到4.5美元。我感觉依然良好，至少能买早餐了。我早上喜欢喝一杯星巴克，现在我有一个小小的网站，能为我每天赚一杯星巴克的钱。最开始是大杯摩卡咖啡，但随着我的小生意的增长，没过多久，我开始每天赚5.5美元，我升级到了超大杯。这着实让我激动了一番。

到了第六个月，我每天赚6.5美元，足够买一杯榛果风味的超大杯摩卡。掌声在哪里？几个月之后，我的小小网站不仅每天能给我买星巴克作为早餐，还可以买赛百味作为午餐了。再次激动！我记得和朋友在酒吧喝酒时，我自豪地和他们讲起我的小小副业，再也不用担心我每天的早餐和午餐。再过几个月，估计晚餐也不愁了。

基本上，这就是 Mindvalley 的前世今生。无关于干一番大事业，也没有远大目标，没有截止日期，仅仅是一个小小的游戏，看看我所赚的钱究竟能买多少食物。不知不觉，我进入一种视频游戏设计者和心理学家早就发现的秘密状态——"游戏人生"。

利润持续增长，不久我就确定了一个新的目标。我知道我的最小生存收入是4000美元，这是我的工资收入，不过这的确能刚好让我和克里斯蒂娜在纽约活下去。就在2003年感恩节前夕，mindvalley 的月收入达到了4000美元。于是，我给我的老板打了电话，辞职。

从游戏到折磨

辞掉律所软件推销员的工作，意味着我没有了美国签证。克里斯蒂娜和我面临着一个选择，要么回她家，爱沙尼亚，要么回我家，马来西亚。爱沙尼亚是一个美丽的国度，但是冬天过于难熬，出于气候考虑，我们决定在马来西亚安定下来，因为气候更暖和。

这就是我们之所以离开美国的全部原因了，不过，其中还有其他插曲。在"9·11"事件之后的几年里，美国处于高度警戒的状态。不知道为何，我被放进了一个观察名单，叫作"特殊登记"，用于监视特定国家的外国来访者。很不幸，马来西亚是其中之一，并且美国国务院认为我十分"可疑"，需要被监视。

结果，我只能在特定的机场搭乘飞机，而且还得在移民局耗上两到三个小时进行特殊审查。最糟糕的是，每过30天，我必须在美国当地移民局办公室登记。我被要求排在一条长队里，有时队伍长达一个街区，我便在冰冷的室外站了4个小时，只为了让政府人员看我一眼，按一下指印，拍一个照，然后查一查我的信用卡消费记录，看看我有没有买一些危险物品。整个过程，我感觉糟糕无比，并且不被尊重。

在忍了4个月之后，克里斯蒂娜和我不得不决定放弃我们的美国梦。我对美国的热爱从未停息，虽然我长在马来西亚，但是我仍然感觉自己更像是美国人。结果，我不得不在我所热爱的国家像假释犯一样生活，这样没办法待。

所以，我回到了马来西亚吉隆坡的家。我离我在纽约的好朋友、我最爱的城市、我的客户和供应商们，整整有半个地球的距离。

起初，Mindvalley 马来西亚办公室仅有我，和一只忠诚的名叫奥兹的拉布拉多贵宾狗。我把它列作我的公关经理，国内第一只效力于电子商务的带薪犬。没过多久，公司便开始成长。我雇了我的第一位员工，并把公司扩展到了一间小型办公室，位于一个破旧城区的仓库后面。接着，我们开始招更多人，做更多项目。突然间，我不得不经营一项真正的生意。报税，发工资，租用场地，雇用员工，和银行打交道。我喜欢工作本身，但是随着日复一日的经营，所有的忧虑和担心如同一只吸血鬼，将我慢慢吸干。雪上加霜的是，我们离美国太远了。

我奋力挣扎，没日没夜地工作，但是情况变得更糟。我遇到了无形的天花板，接下来的 4 年也乏善可陈，充满了起起落落。我们扩张到了 18 人，但是我们的生意依然在摸着石头过河。不过，各种账单至少可以付得起。到了 2008 年 5 月，我发现自己陷入了困境。一方面公司每个月有 25 万美元的营业收入，但是结果每个月依然亏 1.5 万美元。如果不及时止血，我将不得不解雇这 18 人中的部分人。

游戏，慢慢变成了折磨。这一定是我们在第 1 章谈到过的低谷之一，但是我相信绚烂的黎明即将来临。这将给我的现实认知带来重大的转变，虽然我还不知道那会是什么，但是我知道那会让我重装上阵，学习新的行为方式。实际上，那的确帮助我在 8 个月内，带领公司实现了超越想象的成长，并永远改变我自己的人生。

接下来发生了什么

究竟是什么转变了我？我马上就告诉你。首先，我先告诉你在我的转变发生之后的 8 个月发生了什么。

- **业绩爆炸式增长**。从濒临解雇员工的边缘，到仅在 8 个月内实现利润 400% 的增长。我们从未如此快速地增长过，在 2008 年的 5 月，我们实现了 25 万美元的销售额。8 个月之后，同年 12 月份，我们迎来了首个百万美元月。

- **工作成了玩乐。**我不再因压力大，而感觉窒息或备受煎熬。
- **我们开始迎来理想客户。**我们不再拼命地打电话去找客户，或和客户讨价还价。通常是客户主动找到我们，而我的一部分工作变成了如何拒绝。
- **我们迎来了更多的团队伙伴。**在一年内，我们从18人的团队扩展到50人。

但是好事还在后头。到了2009年的5月，在濒临崩溃的边缘之后才一年，我的人生已全然不同。有一个月我永远难以忘记，我在办公室仅仅待了6天，有21天全在世界各地的海滩上度过。我在墨西哥卡波圣卢卡斯参加了朋友的婚礼，在托尼·罗宾斯的斐济庄园里度过了9天，又和理查德·布兰森等人在他的私人岛屿内克尔上度过了几天（这是我梦想成真的时刻）。与此同时，我们公司却迎来了它单天销售记录最好的一个月。当我在电话里听到这个消息时，我正和托尼·罗宾斯以及他的妻子在其斐济的私人住宅里。我拥有一个不可思议的公司，一个令人羡慕的家庭，和一个令人惊叹的人生。第一次，我爱极了这一切。

奇迹似乎四处发生，我最疯狂的梦想也正不断实现，我好像突然走了运。那么，究竟是什么让我的人生在如此短的时间内发生如此快的转变？

为了好玩和利润改造现实世界

如果你读过之前的章节，做过相关的练习，你可能差不多知道我们人类倾向于活在我们自己的大脑里，活在从普世规则中吸收而来的"事实"里。一旦你找到了那些阻碍着你的胡扯规则，开始应用意识工程的原则，检测那些限制着你的现实认知和行为方式，你便学到了一个新的个人成长体系。

不过，还远不止这些。随着你开始尝试意识工程，试验新的思考和行为方式，生活便开始感觉如天空般宽广，如过山车般刺激。生而为人，你时刻准备着绽放自己，做得更多，实现更多。当你熟练掌握如何在普世规则中形成自己的边界时，你便进入了一个新的状态：和内在的自我自在相处。现在，你可以将自己重新编码，成为不一样的自己，并在这个世界里创造属于你的一片天地。

不过，传统的方法是行不通的，这也不是文化黑客的做事风格。相反，你将要质疑并重新定义我们定义成功的两大支柱：实现目标和拥有快乐。你将有很多很多的快乐，也会实现很多很多的目标；不过不是通过艰苦奋斗，而是借由一种微妙的平衡，你的快乐水平和未来愿景之间的平衡。我之所以把这种状态叫作"改造现实世界"，是因为我发现当我自己处于这种状态的时候，整个宇宙似乎都在帮助我，而幸运之神似乎也眷顾着我。我似乎有着改造现实世界的能力，让我的每一天都变得完美，并看着我所期望的未来以一种惊人的速度展开。我在2008年的夏天进入了这种状态，我的生命成长得飞快，我的生意也开始高速增长。我就像一个积极的工程师，决定试着将这种状态进行解码，从而可以在其他人身上进行复制。

你的内心游戏

2008年春，我的公司陷入瓶颈。我决定从当下的事情中脱身，从研究数不尽的创业和市场营销战略之中脱身，从长时间的战略执行中脱身，好让自己投身于个人成长。

我知道有些事情不对劲，但我就是不知道是什么，不过我知道这和

将自己重新编码
第3部分

我的内心世界有关。我看了无数的书，包括鲍勃·普罗克特和尼尔·唐纳·瓦尔施的书；去了好几个研讨会，包括哈弗·艾克和埃丝特·希克斯的研讨会。所有的这些都给了我很多洞悉，其中最大的便是，我们的信念塑造着我们的世界。

我知道这个，但是我似乎没法做到知行合一。所以我努力努力再努力，就像不断拿自己的头往墙上撞一样，只图让我的生意得以存活和繁荣发展。我看着银行存款不断缩水，解雇员工的威胁不断靠近。我在员工面前试图表现得自信满满，但是我内心深处感觉自己像是一个失败者。

我不记得那个关键洞悉什么时候冒了出来，但是当它冒出来的时候，让我醍醐灌顶：请不要再推迟你的快乐，快乐起来，就现在。只有在你当下的状态是喜悦的时候，你的思绪和信念才会创造你的现实。我突然意识到我一直空虚地工作着，而我迫切需要的燃料便是快乐。我的确有很多可以感到快乐的东西，但是我如此执着和紧张于各种会议、销售目标，所以我的大脑被恐惧和焦虑所占领。

我想起了早些年，我会给自己买一杯星巴克，以庆祝每天赚到4.5美元。那时一切似乎那么简单，我感谢于每一次小小的胜利，我意识到我没有理由不再去采取相同的现实认知。大目标不变，但不要把你的快乐和你的目标相挂钩。快乐，就现在。

我决定改变我的内心游戏和思维模式。我设定了新的目标，把我们从营业额下降的困境中解救出来；与此同时，我也决定让开心和快乐成为我生活的一个重要部分。我不再等我实现了未来的某些目标之后，再享受快乐。

随着我开始以这种方式开展我的工作和生活，天边一束曙光出现了。我写下了6月份的目标：30万美元的营业额。我们做到了。我把我的整个团队带去海滩度假，一边庆祝，一边玩儿。我们在那里定了新的目标：一个月50万美元的营业额。在我的墙上还有这张2008年的照片，我的团队在

第 6 章 改造现实世界

沙滩上举着一个牌子，上面写着一个月 50 万美元的营业额目标。我们向前进发，我们不仅做到了，而且还玩得很开心。我们在 10 月份冲到了一个月 50 万美元的营业额。接着，我们定了一个新的目标：100 万美元。

我不知道这是怎么发生的，不过我们的确在 12 月的时候达到了目标。2008 年 5～12 月，我们的月营业额在仅仅 8 个月里便从 25 万美元增长到 100 万美元。与此同时，我在这段旅程中玩得很开心。

所有的这些始于我内心现实认知的转变：

从此，我把这个模式变成了一种哲学，我叫它改造现实世界。之所以这样命名，是因为当你处在这种状态的时候，你会感觉生命里的一切都朝着你的方向发生改变，你感觉一切都轻而易举，一切皆有可能。

> 有大目标，但不要把你的快乐和你的目标绑在一起。你必须在达到目标之前，先快乐起来。

这是一种微妙的平衡：

1. 你有一个远大的未来愿景，不断拉着你前进。
2. 不过，你在当下的这个时刻里，是快乐的。

关键在于：这两者都来自当下的时刻。正如保罗·科埃略（Paulo Coelho）在《炼金术士》(*The Alchemist*) 里写道：

> 因为我既不活在过去，亦不活在未来。我只对当下感兴趣。
>
> 如果你总是关注于当下，你就会是一个快乐的人。

不必戚戚于过去，亦不必汲汲于未来。活在当下，你便拥有无限的可能。你和当下相处的方式，将会把你的人生带往不同的方向。

当你改造着现实世界时，你的愿景便不断拉着你前进，但是这感觉并不像是工作，而像是一种游戏，一种你爱玩的游戏。而与此同时，你快乐与否和你未来的愿景并无关系。在当下的这个时刻，你是开心和喜悦的。

在你追寻你的愿景时,你是快乐的,而不必等到目标实现时。因此,你和当下保持着紧密的联结。

你准备好试试这个新的现实认知了吗?接下来是我目前对其背后原理的理解。

人类四状态

不妨把"当下快乐"和"未来愿景"看作两种可以混合在一起的调料,但必须保证其混合比例的协调。某一种过多,都会导致不协调和局限。用不同的混合方式,在不同的生命时刻,我们所处在的状态便随之不同。下面这张草图将帮助你认识这一点。

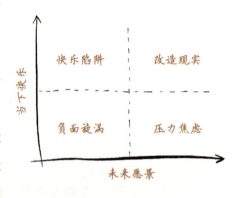

1. 负面旋涡。在这种状态下,你在当下是不快乐的,而且对未来也没有追求。没有丝毫喜悦,也无任何期盼。这种状态痛苦不已,肯定不是你想要待下去的地方。通常在这种状态下,你会被抑郁所裹挟。

2. 快乐陷阱。这种状态感觉不错,因为你此时此刻是快乐的。时不时地,处于这个状态无可厚非,比如去度假或者享受其他奇妙的经历。不过请记住,快乐本身稍纵即逝。你可以通过吸大麻获得快乐,但是长期的快乐和自我实现感来自于贡献、成长和做有意义的事情。虽然这种状态会带给你暂时的快乐,但是没办法给你长期的快乐、满足或自我实现感。

3. 压力焦虑。这便是我在创业以来一直所纠结的状态,很多企业家和追求职业发展的人也处在这个状态下。在这个状态下,你或许有大目标,但是你把你的快乐和那些目标绑在了一起。你等着拿下一个大单子、搬进新的办公室或达成下一个销售目标，才去庆祝。憧憬未来，干大事，的确不错，但是如果你一直推迟快乐的话，这并不是最优的状态。如果你拼了命工作但是却进展缓慢，或者你感觉你做了很多但是并没有达到你想要的目标，那么你也许便陷入了这个状态里。

4. 改造现实。在这个理想状态下，你此时此刻是快乐的，并对未来有着憧憬。你的愿景拉着你前进，不过你当下是快乐的，无论达到目标与否。当你处在这个状态时，你感觉到成长和快乐。不仅在乎沿途的风景，也在乎目的地。在这个状态下有个有趣的现象，就是你会经常感觉宇宙似乎也在帮助你；当你感觉自己是幸运的时候，宇宙便会给你想要的，对的机会、对的想法、对的人似乎都会被你吸引过来。快乐就好像火箭燃料一样，将你飞快地带向你所憧憬的未来。

改造现实的二元素

现在你对"改造现实世界"对生命的影响有了大致的了解，咱们接着进一步看看其中关键的两个元素。

1. 当下的快乐

改造现实世界这个状态的一个关键元素，便是你快乐与否，和你的目标是否达到无关。常怀感恩，感恩你所拥有的；快乐，便是你愿景追寻途中一路相随的绚烂彩虹。

这样的话，你不必等待快乐的降临，快乐不过是你实现目标途中的意外收获。自我实现感如海浪一样，向你扑来；你如同发了疯一样，向前进发。工作已不再是工作，而是一种热烈的渴望。你可以不间断地工作12小时，你或许会感觉累，但是不会感觉被掏空。我所认识的那些真正厉害的人，在他们的目标实现途中，都享受着这种美丽的快乐。实际上，我觉得这是通向你目标的唯一途径，别无他法。远方，是一座高高的山脉；快乐，是一条细细的捷径。在内克尔岛上，我们向布兰森取经。我的小组里有人问他，"你一直这么开心，那在你不开心的时候，你怎么办？"布兰森回说，"我不记得那些不开心的事情，我只记得我生命中那些开心快乐的事情。"

在和他相处的过程中，这是我一定会注意到的点：他无时无刻不在享受着快乐。他有着远大的目标，他是我所遇到过的顶级思想家之一，而他永远像在玩儿一样。

布兰森只是其中一个例子，而这样的例子俯拾即是。回到一百年前，有一位极具影响力的巨匠，写下了这首诗：

小时候，有人告诉我：
要工作，也要玩。
于是，我的人生成了快乐的长假。

工作着，玩耍着。
烦恼忧愁，全抛脑后。
每天，老师对我都很好。

这位巨匠便是约翰 D. 洛克菲勒（John D. Rockefeller），他在 86 岁时写下这首诗。作为当时世界上最富有的人之一，洛克菲勒已经说得很清晰很明白了。抛去烦恼和忧愁，将工作和玩乐融为一体，把生命当作快乐的长假，好好享受。似乎连老天也照顾着他。在其他人眼中，这便是所谓的"运气好"或"命好"吧。

所以，无论你在生命中的哪个阶段，请铭记：你的快乐不能被你的目标所绑架。在你实现目标之前，你必须学会如何让快乐与你相伴。保有快乐的心情，你的生命将是一次玩耍，充满喜悦，让你向远方的目标，快快奔去。

武功秘籍：快乐心法

真正的快乐杀手，是我们错误的思维方式。我们许多人陷入了"如果……那么……"的快乐模式：如果某件事发生，比如我得到了合适的工作，找到了完美的伴侣，拥有了理想的房子，生了一个孩子，写了一本畅销书，诸如此类，那么我才会快乐。

对我来说，这是一个有缺陷的模式，原因有二。

1. 这把快乐的权力交给了外界。我们是否快乐，反而被一份工作、一个房子、一个人、一个孩子或一本书所左右，多么荒谬。

2. 快乐是工作表现的助燃剂，是吸引他人的灵丹妙药，也是美丽人生的武功秘籍。当我把快乐的决定权交给了外界，由我的生意未来是否成功而决定时，压力和焦虑便排山倒海而来。所以，当公司陷入危机时，我也陷入了危机。处于危机中的我以完全错误的方式试图让公司摆脱危机，于是，公司和我都陷入了更大的危机，如此下去，恶性循环。这样子的状况，我在很多成功人士身上经常看到。

快乐，会让你快马加鞭地向目标奔去。但是不要让你的快乐被你的目标给绑架，在生活中找到一个平衡点，在日常之中练习平衡，既在乎远方的目的地，也在乎当下的风景，和看风景的心情。这是你治愈压力和焦虑的方式，让你处于实现目标的最佳状态。我们将在下一章进一步探讨相关的练习。

我们不要等到事情做完，才享受快乐；我们要让自己先快乐起来，再开始做事。

2. 未来的愿景

我注意到几乎所有我所遇到过的或看过到的卓越之人，都有一个共同点,那便是：对未来心怀梦想。这个梦想可以是创造一种新的艺术作品,也可以是给带给世界一项产品或服务,可以是攀爬一座山,也可以是养一家子人。

在某种程度上,这些人活在未来的时空里。传统的灵性成长倡导活在当下,我相信这只是故事的一部分。此时此刻的快乐让你和当下紧密联结,不过你同样需要追寻大胆的梦想,往前走去。卓越之人不会白白地在这世上走一遭,他们会留下属于自己的印记。

现在,温馨提醒：请保证你的目标不是来源于胡扯规则,也不是那种你实现之后反而感觉毫无意义的目标。我之前在微软的经历便是一个反例,还有就是无数的创业者以谋生为目标,在目标实现之后,却发现自己困于朝九晚五,无法出逃,不知意义和热情为何物。

反而,你的梦想得叫醒你的灵魂。这种梦想,是所谓典型的终极目标。我们将在第 8 章通过"人生三大问"的方式,学习如何给你自己设定终极目标。

武功秘籍：梦想心法

我遗失了好几本我读过的讲目标设定的书,从企业管理到个人管理。不过,就像我们被误导以一种限制性的方式看待快乐一样,现代社会在目标设定上同样将我们带入歧途,原因有三。

1. 我们把胡扯规则误认作目标。当我们说一定要获得某一种工作,过上某一种生活,拥有某一种外表时,这些往往是社会灌输给我们的胡扯规则。真正卓越的人,不会被普世规则中这些具有传染性的"目标"所蒙蔽双眼。相反,他们创造属于自己的目标。

2. 我们只能把已知的事物当作目标。把已知的事物当作目标并无可厚非,但未知的事物也是另一种宝藏,需要你以天赋为马,奔走天涯。我们将在本书的第 4 部分进一步探讨。

3. 我们是出了名的容易错估我们未来所能做成的事。一来，我们倾向于一口吃成个大胖子，高估自己短期内所能做的事；二来，我们容易目光短浅，看不见遥远的未来，低估自己长期内所能做的事。两者皆不可取，我们容易高估自己一年内所能做到事，也容易低估我们3年内所能做到事。

在接下来两章，我们将深入探索如何做到既保有当下的快乐，也找到未来美丽的愿景。不过现在，我们来到了第六定律。

> **第六定律：改造现实世界。**
>
> 卓越之人能够改造现实世界。他们有着大胆而令人激动的未来愿景，不过他们的快乐并没有被这些目标所绑架。每一个当下，快乐常随。这样的平衡状态让他们能更快地朝愿景前进，并享受着沿途的快乐。从外界来看，他们似乎被幸运之神所眷顾。

练习：8项陈述

下面这个简单的8项陈述练习，将帮助你了解自己处于改造现实世界这个状态的什么阶段。请选择最能描述你的选项，没有对或错之分。如果你还处于起步阶段，不用担心，我们会继续进一步探讨如何向下一阶段迈进。

1. 我热爱我目前的工作，以至于这感觉不像是工作。
   　　一点也不像我　　有点像我　　非常像我
2. 我的工作对我来说，是有意义的。
   　　一点也不像我　　有点像我　　非常像我
3. 工作时，我经常感觉非常快乐，以至于时光飞逝。

　　　　一点也不像我　　有点像我　　非常像我

4. 当事情出了差错，我一点儿也不担心，我知道好事还在后头。

　　　　一点也不像我　　有点像我　　非常像我

5. 我对未来充满期待，知道更好的东西正在来的路上。

　　　　一点也不像我　　有点像我　　非常像我

6. 压力和焦虑似乎对我没有影响，我相信我能实现我的目标。

　　　　一点也不像我　　有点像我　　非常像我

7. 我向往未来，是因为我有着独特且大胆的目标。

　　　　一点也不像我　　有点像我　　非常像我

8. 我会花时间畅想未来。

　　　　一点也不像我　　有点像我　　非常像我

如果你对第一到第四项陈述的回答是"非常像我"，那么你很可能处于"当下快乐"的状态。

如果你对第五到第八项陈述的回答是"非常像我"，那么你很可能处于"憧憬未来"的状态。

如果你这8项陈述全部回答"非常像我"，那么你很可能处于"改造现实世界"的状态。

大多数人，要么处于"当下快乐"的状态，要么处于"憧憬未来"的状态，很少处于"改造现实世界"的状态。

改造现实世界感觉如何

改造现实世界的感觉，就像有了魔法，所有的一切似乎都"听你的指挥"。你在工作着，但感觉不像是工作，因为你爱极了你所做的事情。当我处于这个状态时，我感觉工作似乎并不存在。不仅如此，突然之间灵感和洞悉似乎手到擒来。也许这是因为你的大脑专注于你的愿景，使得你对于任何能帮助你实现愿景的东西变得更加敏感；再加上快乐和喜悦帮助你打开了创造力的大门。有时，就好像对的人、对的机会和意外来到你的面前，催促并推动着你往你的目标前进。这是吸引力法则在起作用吗？还是所谓的大脑网状激动系统的缘故？对我而言，这些都不重要，重要的是我知道这个现实认知很管用。

> 既然你能选择你想要的现实认知，那么为何不选一个能帮助你改造现实世界从而实现梦想的呢？

因为如上所有原因，我把这种状态叫作人类究极状态。站在纯功利性的角度，这也是生产力达到最高时的状态。当你处于这种状态时，你会感觉你正在改造这个现实世界，让其帮你加速实现目标的进程，轻轻松松，毫无压力。

几乎所有人都曾经感受到过这种状态，但关键在于如何更长久地保持在这种究极状态之下。最卓越的人知道如何做到。

实际上，这是一种可以学习和实践的练习。我把它叫作快乐自律，我们即将学到。

我第一次公开谈及这些想法，是在 2009 年的一次演讲当中，位于加拿大亚伯达省卡尔加里市。我的演讲包括了本章里的故事，并拓展到如何在商业领域和团队中进行实践。那时，我把这种状态叫作"心流"（being in flow）。随着我练习的时间越来越久，我将术语进行了更换。在你熟练掌握之后，你会发现你不仅仅可以影响自己的状态，而且能对你身边的世界造成影响。

第 7 章 实践快乐自律

学会保有天天开心的状态

> 事实上，我们大脑运作的巅峰状态并不是在情绪低落或中性时，而是情绪高涨之时。不过讽刺的是，在当今世界，我们为了追逐成功而将快乐拱手相让，反而让我们的大脑从巅峰状态跌落，成功概率也大大下降。
>
> ——肖恩·埃科尔（SHAWN ACHOR），《快乐竞争力》
> （*THE HAPPINESS ADVANTAGE*）

在餐桌上跳舞的亿万富翁

英属维京群岛的内克尔岛上，又是一个美丽之夜。克里斯蒂娜和我在理查德·布兰森美轮美奂的度假区里，和理查德及他的客人们共享烛光晚餐。木质的长桌上摆满了令人垂涎的食物，酒水可无限量畅饮。我们刚从海滩上回来，每个人都玩得很快活，或许是我们的主人布兰森将这种快活的状态辐射给了大家。

晚宴继续，我注意到有几个企业家似乎试图把话题往更严肃的方向上引，他们开始询问理查德一些商业性的问题。有人问投资机会，有人寻大公司经营建议。我不能怪他们，当你坐在这样一位堪称传奇的企业家身边时，你也会情不自禁地想要从他这里汲取一些智慧。不过，我依然觉得他们时机选得不对，这本是一次轻松惬意的晚宴。

接着，理查德做了一件令人意想不到的事情。他礼貌地中止了谈话，踩着人字拖，嗖的一声，跳上了满是餐盘酒杯的桌子。然后把他的手伸给了坐在我旁边的克里斯蒂娜，帮助她站到桌子上。"我们跳舞吧！"他说道。

他们真的在晚宴中途跳起舞来，缓慢而优雅，伴随着大家惊讶的目光和阵阵笑声。不过，餐具和酒杯就遭了殃。

这是一个绝佳的例子，告诉我们生命不全是生意、生意和生意。人之一生短暂如蜉蝣，今朝有酒今朝醉，何妨及时行乐。理查德·布兰森对我而言，是一个完美的学习对象。不仅仰望星空，心中有梦；且以快乐为舟，活在当下。

介绍快乐自律：把快乐当作一种自律

当理查德·布兰森重新给晚宴注入欢乐时，他正身体力行地证明着，快乐是在我们掌握之中的。当事情不对劲时，你可以让自己重新回到快乐的状态上来。

科学向我们表明，这个世界上，让我们处于最佳状态的秘诀之一，就是我们控制快乐水平的能力。若想学会改造现实世界，这是必过的关卡。虽然这个能力是可以被训练的，不过我们许多人依然会发现这是个难题。

在本章，我将介绍一个简单的方式，让你活在当下、掌控快乐。这不只是让你处于平和宁静的状态，而是让你感到真正的喜悦。这个方式将灵性的练习和现实世界中实现目标的需求相结合，我把它叫作"快乐自律"：把快乐当作一种自律。

快乐为什么重要

关于快乐和成就之间的关系研究林林总总,下面摘取些令人信服的发现。

快乐有助于提高工作表现。在一本超赞的书《快乐竞争力》(*The Happiness Advantage*)当中,作者肖恩·埃科尔描述了医学院里一种普遍会有的测验,就是让参与培训的医生基于患者的症状纲要和病历做出诊断。这是对医生的学识及打破常规思维能力的测试,反之医生容易"一刀切",陷入"锚定效应"。在一项研究当中,有三组医生参与类似测试分析。一组医生在测试之前"处于开心状态",另一组医生被要求阅读"中性的"医学读物,"控制组"则不做处理。"处于开心状态"的医生在做出正确诊断的速度上几乎是控制组的两倍,并且在规避"锚定效应"上也狠狠击败了控制组。这其中有什么蹊跷?原来,"开心组"的医生在诊断前被给了一些糖果。他们甚至还不被允许吃掉它,以避免因血糖升高而影响整个实验结果。这也难怪埃科尔在他的书中说到,"或许病人应该开始给医生送一些棒棒糖了,而不是其他东西。"

积极的态度等于更好的结果。畅销书《学会乐观》(*Learned Optimism*)作者马丁·塞利格曼(Martin Seligman)博士,积极心理学的先驱者,他研究了美国大都会人寿保险公司 15000 名新入职的销售人员,通过一项他自己研发的测试来衡量销售人员的乐观水平,在接下来的 3 年里对他们的成绩表现进行跟踪。结果发现,那些前 10% 的乐观主义者的销售成绩比前 10% 的悲观主义者的要高出 88%。塞利格曼博士还发现,乐观的力量不仅适用于销售,而且在其他行业也同样适用。他总结到,一般来讲,乐观主义的销售人员比悲观主义者的成绩表现高出 20%~40%。

快乐能助力于孩子的学习。在肖恩·埃科尔书《快乐竞争力》中,他描述了一项针对四岁孩子的研究。孩子们被给予一些"学习任务",一组孩子需要回忆让他们感到快乐的事情,另外一组则不用。结果发现,快乐情绪下的孩子在学习任务上完成得更快,并且犯的错误相对较少。这让我不禁好奇,如果我们的学校将学生的快乐纳入考虑因素的话,那会发生什么。

证明快乐是优异表现催化剂的研究不胜枚举,学会控制并保持我们的快乐状态似乎显而易见地成了通向卓越人生的必经之路。不过我们首先得回答这个问题,究竟什么是快乐?

快乐的来源

在我们开始快乐自律的练习之前,我们得先搞清楚快乐的定义。我认为快乐有三种不同的类型和来源。

1. 来源于独特体验的快乐

这种快乐,来源于独特的人类体验。性爱会带来大量的快乐,赢一场球赛会带来大量的快乐,做成一笔重要的交易亦然。这些令人陶醉的快乐来源于人体内化学物质的分泌,令人神魂颠倒,短暂且瞬时。有时,在你的大脑化学物质分泌水平下降之后,巨大的沮丧和空虚反而偷偷袭来。小剂量的这种快乐是没问题的,但是太多,则容易上瘾甚至极具毁灭性。如果我们一天 24 小时都依赖于这种化学物质释放机器以获得短暂的欢愉,那人类文明将会停止前进,因为没人再会去关心文明的进程。来源于独特体验的快乐是一种短期的快乐。不过,快乐不止这一种。

2. 来源于成长和觉醒的快乐

虽然来源于美妙体验的快乐的确很不错,不过也有第二种类型的快乐,它更稀少但更持久。这是灵性修炼者们所倡导的快乐,我把它称作来源于成长和觉醒的快乐。当你达到更高程度的意识时,这种快乐则会接踵而至。人们通过许多不同的方式寻求觉醒,包括正念练习及其他灵性修炼方式。

数以万计的人在追寻灵性的道路上，体会到这种快乐之于整个人类是多么的重要。

3. 来源于意义感的快乐

我很喜爱我的孩子们，但是得老实说，有时候，做家长并不是一件有趣的事。我曾经彻夜无眠，对付那些黏糊糊的尿片，抱着哭泣的婴儿，在地板上来回踱步。所以，我不会说做家长一直是件快乐的事。研究表明，养育孩子会消耗我们的快乐。但是，即使再困难，即使以千金易之，我也绝不交换。我相信绝大多数家长也会这样说。

社会心理学家罗伊·鲍迈斯特（Roy Baumeister）发现，当"对意义感的追寻"加入等式之中时，"亲子悖论"才说得通。生儿育女是一件非常有意义的事情，虽然这也需要做父母的大量的牺牲和投入，消耗其短期的快乐。有趣的是，"亲子悖论"似乎暗示着我们人类是如此看重意义感，以至于愿意牺牲一定量的短期快乐，作为交换。

意义感，来自于我们对未来的愿景，正如我在第6章所谈到的一样。意义感，是快乐非常重要的组成部分。在接下来几章，我们将进一步学习如何找寻到意义和使命，以迈向个人成长的卓越人生之旅。

这三种类型的快乐如影随形，将与我们相伴一生。快乐的机会俯拾即是，你总有办法找到独特的体验，寻得成长和觉醒，获得你所追寻的意义感。问题是我们大部分人不愿意奋力去寻找，因为我们已经习惯于"不快乐"了。

快乐测量仪

回忆一下你生命中感到非常快乐的时刻。也许是你陷入爱河的那一秒，也许是你结婚大喜的那一天，也许是你孩子出生的那一刻。或许是你实现了你的梦想，或许是你获得了灵魂的顿悟，或许仅仅是觉得活着真好。花几秒钟好好享受这种感觉。很爽，是不是？

现在，请感受一下你自己的情绪。

很大概率是，你既没有很开心，也没有很不开心，而是在中间某个位置。一般来讲，我们不会长时间地享受蜜糖般的快乐和喜悦，也不会被伤心难过一直绑架。

研究表明，我们每个人都有着特定水平的快乐状态，无论什么事情发生，或好或坏，我们都会回到那个水平。研究人员把这种现象叫作享乐适应性。因了我们的享乐适应性，我们既不会被悲伤所永远囚禁，当然也意味着，我们没法一直待在快乐的天堂里。我们人类的适应性如此强大，以至于我们可以适应任何发生的事情，并继续生活下去。

不过研究发现，快乐是可以为我们所掌控的。你已经学会了如何给你生命的 12 平衡领域设定底线，快乐也是一样的，都是通过最优化你的行为方式。实际上，你可以提升你的快乐水平，从而在每一天享受更高水平的快乐，无论你的生命中发生什么事情。如何做到？有三种行为方式，可以专门帮助你。

通往快乐自律之路：提升快乐水平的三大秘诀

以下三种快乐自律方式将帮助你提高你的生活质量。它们叫作超越练习，即你所内化或已掌握的意识层面上的练习。你会知道它们管用，因为你会感受到对生活更大的满足感，快乐水平通常即刻提升。

这是否就意味着不好的事情就再也不会发生，或者你就永远不会不开心了呢？当然不是。不过这的确意味着，你能更好地从逆境中走出来，并恢复到比原有更高的快乐水平。

下面三种方式全部经由科学证实过，的确能带来快乐水平的飞速提高；

在某些情况下，这种飞速提高会持续好几个月。这三种方式也是我 2008 年用来将自己从压力和焦虑中解放出来的秘诀，让我的职业和生意重新焕发活力。这些秘诀也将会助你走出困境，继续你精彩而不寻常的人生旅程。

快乐自律秘诀一：感恩

或许没有哪一项练习能像感恩练习一样回报以如此多的快乐，而这一点正引起各项研究和科学界的格外注意。科学证明，感恩练习的益处包括：

- 更为精力充沛
- 更为体谅宽容
- 更少抑郁
- 更少焦虑
- 更易与人亲近
- 更好睡眠
- 更少头痛

一项由罗伯特·爱默生（Robert A. Emmons）博士和迈克尔·麦卡洛（Michael McCullough）博士所负责的研究表明，那些写下 5 件上周值得感恩事情的人的快乐水平，比写下 5 件上周让人感觉不好事情的人的快乐水平，要高 25%。同时，他们表示自己感觉更健康，运动量也增多。

爱默生博士做了另外一项研究，研究中人们每天写下那些积极的事情。那些人不仅表现出更多的感恩心，而且会更多地去帮助他人。再清楚不过，感恩会引发付出，进而让别人更快乐、更感恩。在我看来，这便是一种健康的社会传染。

向后看策略

那么如何让感恩的体验在你的日常生活中时常发生呢？向后看即可。

这个想法来自于企业家教练苏利文（Dan Sullivan），正如下图所示，我们大多数人习惯于向前看，关注于你现在所在的地方和你想去的地方之间的差距。问题在于这样的快乐是有条件的。在我们实现了新的销售目标之后，我们才能快乐；在我们结婚之后才能快乐；在我们生孩子之后才能快乐；在我们银行账户里有多少钱之后才能快乐；诸如此类。

问题来了，如果你总是往前看，想要弥补现实和未来之间的差距，这样的过程是无止境的。无论你的生活有多美好，你总有下一个目标在地平线那边。就像真正的地平线一样，你永远追不上，它总是在你前面。只有实现了未来的某个目标才能快乐，无异于夸父逐日，向着地平线永远奔跑下去，直至精疲力竭。

相反，苏利文建议我们向后看，看向过去。感恩于你已经获得的一切，所走到的地方。他把这叫作"向后看策略"。

苏利文如此解释：

> 当我开始感觉失望、沮丧或压力大时，我立马问，"好的，你正在拿什么作对比呢？"。毋庸置疑，我正在拿理想情况和现实做对比。接着我继续问，"好的，转个身，你从哪里走来的呢？"当我"转过身"，向后看我一路以来已经完成的部分，我一下子感觉好了很多。原来我已经学了这么多，我们已经取得了这么大的进展。在几秒钟内，我从消极的阴云中走出，拥抱灿烂的阳光，从而看清我实际的进度。

即使是再困难的时期，你也可以转个身，向后看——看看你已经走了多远，你已经学习了多少，你一路来所得到的支持和帮助。"向后看策略"是一项完美的感恩练习，和拼命向前追逐快乐相比，学会感恩并珍惜现有的一切更可能给你带来大量的快乐。这便是感恩之所以为快乐自律的一大撒手锏的原因。

我相信每天都应以感恩为始，以感恩为终。我每天早上在冥想时进行感恩练习，学习向后看。我会回想个人生活当中 5 个让我感恩的人和事物，然后再想想工作当中 5 个让我感恩的人和事物。一个典型的清单长这个样子：

个人生活

1. 我的女儿，伊芙，和她美丽的笑容
2. 昨晚一边休憩一边在 BBC 上看夏洛克时喝的一杯红酒
3. 我的妻子和人生伴侣
4. 和孩子一起玩星球大战系列乐高积木时所度过的时光
5. 我的出版商塔妮娅留在我桌子上的好喝的精制咖啡

工作领域

1. 我的管理团队和他们带给公司的令人吃惊的才干
2. 因为我的线上课程"意识工程"而收到的一封超赞的信
3. 昨天在办公室里举办的超级好玩的"文化日"
4. 我们的 A-Fest 即将在又一个美丽的地方举办
5. 既是朋友也是同事的工作伙伴，当我到办公室时，他们会给我一个大大的拥抱作为问候

这整个练习所需时间不超过 90 秒钟，但这或许是每天所经历的最为重要且影响最为深远的 90 秒钟。

练习：日常感恩练习

在第4章，你学了两个感恩练习，只需要花一两分钟，即可帮助你防止负面的现实认知侵入大脑。在这里，我们将更加深入学习。每天用几分钟回顾你生命中让你感恩的人和事物，想一想：

在你的个人生活中，3～5个让你感恩的人和事物。

在你的工作领域里，3～5个让你感恩的人和事物。

对于有些人，在即刻的情境之下表达感恩会觉得尴尬，无可厚非。我们太多人陷入了不愿表达感恩的状态之中，这意味着正是时候突破自己的边界，感受自己的不适。下面有几个诀窍，帮助你更好地掌握这项练习：

关注于感受。许多人把这项练习变成了机械化的清单列举，或者列举他们"应该"感恩的人和事物；这通常是某个胡扯规则正在作祟。为了避免这样的陷阱，请关注于你自己的感受：开心、积极、舒适、自信、温柔、自豪、性感、充满欢笑、被爱填满。对于每个条目，请花5～10秒钟让感受自然流露。当你触碰到你真正感到感恩的人事物时，无论是你美丽的孩子还是自己光滑的皮肤，快乐便会像泉水一般汩汩流淌。

一天两次，清晨夜晚。就像阿里安娜·赫芬顿每天清晨以冥想作为开启一天的方式，你也可以每天清晨花几分钟表达和感受感恩，这会在接下来一整天产生神奇的效果。与此类似，以感恩练习结束你的一天，能让你获得更加积极的现实认知。

和他人分享。想想如何与你生命中的其他人练习或学习这项练习，不妨教给你的孩子；或者在一周结束后，和你的伴侣喝一杯红酒，对其表达感谢，那将是真正的快乐时分。当你和他人分享时，

> 感恩练习所带来的益处将会加倍；听一听别人所感恩的人和事物，说不定会给你灵感，去探寻生命里更多的感恩。

快乐自律秘诀二：原谅

在硅谷，"量化自我"运动风生水起，生物黑客们忙不迭地衡量着自己生存状态的方方面面。如果你曾用过手机里的睡眠软件检测过自己的睡眠质量，或是使用过可穿戴科技来记录你每天走了多少步，那么你便是"量化自我"运动里的一员。简而言之，你正在使用测量工具，来优化你的生活状态。

"量化自我"现在借由传统脑电波测量机器，以一种大胆而新奇的方式进行跨界冥想。

在我的朋友戴夫·阿斯普雷的邀请之下，我最近得以亲自体验这种方式。戴夫是一名令人敬畏的企业家，开创了防弹咖啡品牌。他也是我所遇到过的最聪明、身材最好的人之一。不过他和我说，在不超过 10 年前，他体重曾达到 300 英磅（约 136 千克），他的生活一团糟。戴夫说，一切的转变开始于他所遇见的一种新型冥想。

我一路飞到英国哥伦比亚省维多利亚市，和戴夫会面，并尝试这个叫作"禅宗四十年"的项目。为什么起这么古怪的名字？是这样的，开发这项技术的科学家研究了许多卓越人士的脑电波，从亿万富翁，到直觉者和创意人士，再到僧人和神秘主义者。他们发现，当你使用这些工具进行冥想时，你的脑电波和那些花了 21～40 年进行禅修的人一模一样。

于是，我便开始我的"禅宗四十年"项目之旅。同行者是我所遇到过的最为卓越的人，我们组的 7 人里有一名出名的好莱坞演员，一个刚刚以

将自己重新编码
第 3 部分

数十亿美元出售其公司的男子，一位顶尖医师，一名营养和健身专家维珍，一位市场营销传奇人物乔·波兰，以及戴夫。

在某些方面，这和我们用睡眠软件测量我们的睡眠质量相似，不过是一种更加高科技的方式。我们被接上最尖端的专业生物反馈仪，以测量我们的脑电波。该仪器会响起不同的声音，这取决于我们所产生的脑电波。阿尔法电波，和创造力、同情心、洞悉、原谅以及爱相关联。西塔电波，和创造力的闪现及直觉相关联。德耳塔电波，我们被告知，和"改变现实"相关联。我们还可以在屏幕上看到各种数字，以反映我们脑电波振幅（振幅越大越好），以及左右半脑的一致性（越一致说明大脑状态越好）。

"禅宗四十年"和经典的冥想或正念练习的不同点很简单，它是基于实际的生物反馈。冥想时，当你的大脑连接上能记录每一个脑电波的波峰波谷的仪器时，你很容易辨别究竟什么管用，什么不管用。你可以立马看到你大脑里的结果。

我们的主要重心在于学习如何增多阿尔法电波，让我们得以拥有更强的创造力、更放松的心态、更好的问题解决能力，以及许多经由多年冥想训练才能获得的好处。

我们所有人都取得了重大的突破。在我结束之时，我感觉到明显的不同。实际上，我的练习方法从未在如此短的时间内获得如此迅速的更新。

结果，增多阿尔法电波的最大秘密不过只是一件事。我们花了整整 7 天时间重点练习——原谅。

项目幕后人员发现，抑制阿尔法电波的首要元凶在于心怀不满和怨恨。因而，释放我们心中的每一滴不满和怨恨对我们来说至关重要。

在我们报名这个项目的时候，没人在手册里提到原谅。我们报名是为了提高自己的思考和创造能力，经历更深层次的冥想状态，并驯服心中的压力和焦虑。然而，练习原谅给了我们所有想要的东西。我们可以在神经反馈数据中看到结果。

我们必须原谅我们生命中每一个曾经引起我们不快或不满的人，即使是再轻微不过的不快。我必须原谅我的高中老师、商业伙伴、家庭成员和每一个我能想到的我觉得曾经伤害过我的人，或轻或重。

我每做一轮原谅练习，我的阿尔法电波就会陡增。他们所教的方法出乎意料地管用，对我来说就像是及时雨，因为我的确有一些功课要做。

走出噩梦

有时，生命会和你开个玩笑，将你置于好笑而又讽刺的情景之下。

就在参加这次培训 3 个月前，我刚经历了我生命中最糟糕的一段时期。在我们的一个分公司，我雇了 150 名员工，然而却发现一个我所信任的负责管理办公室的人向我们隐瞒了实际支出去向。他制造了假的供应商来给办公室提供服务，从空调维修人员、到清洁人员和各项保洁服务，然后以超高的要价支付给他自己的公司。所以，我雇来负责员工住房和办公室维护的人实际上在付钱给他自己的公司，给我们公司提供服务。这是违法的，而且高度腐败。

在他被抓到之际，已经有 10 多万美元进了他的口袋。这对我来说是重重一击，我简直不敢相信我如此信任的一个人居然会以这种方式占我的便宜。我相信他 4 年了。我的肚子被一阵痛所抓住，不知道是因为感觉受伤还是消化不良。

这次发现已经令人痛苦不已，更不幸的是，"好事"还在后头。在我们辞了他，并向警察局报案之后，他却恼羞成怒，想要找我的麻烦。从威胁说让流氓痛揍我一顿，到让一群人尾随我的车，再到向消防局假报信息，说我们的办公室没有消防设施以让消防局的人来调查，从而干扰我们的正常经营。好几个月，他无所不用其极，为的就是妨碍我们的工作。这让我和我的家人头疼不已，估计这是我所经历过的最恼人的一件事。

在我们进行原谅练习时，我决定把他留到最后。

最后，我在一个黑暗的空间里冥想，练习原谅那个从我的公司偷钱的男人，他背叛我的信任，还威胁要伤害我。当我完成练习时，我听到机器突然冒出哔的一声。

我达到了我的脑电波的最高纪录。

原谅那个男人，让我获得了解放。我一直知道原谅力量无穷，但从不知会到这种程度。我也真的被吓了一跳，我居然能彻彻底底地原谅他。不仅如此，我为他感到一种深深的同情和怜悯。

虽然我被这个人的各种行为所折磨，但是我相信如果我今天见到他，我也可以舒舒服服地和他坐下来，喝杯咖啡，花些时间去理解这个人，而不会感到烦恼不安或是不舒服。

这就是"从原谅走向爱"的意思了罢。

所以，对于任何想要掌握快乐自律的人来说，原谅，是关键。

练习：真正原谅，解放你自己

这里我会分享我所学到的原谅练习简化版。

准备

在你的笔记本上或电脑里，将你感觉曾经让你不舒服或是伤害过你的人的名单列出来。可以是最近发生的，也可以是很久以前的。这也许不是一件容易的事，尤其是如果你心中有一块非常痛的伤疤或是经年久月的旧伤。不妨耐心些，请记住原谅和快乐一样，都是可以经由培训习得的技能。我的亲身经历告诉我自己，这是值得我投入时间和精力去做的事情，将心中的愤怒和伤痛一点一滴地释放。

如果你准备好了,从你的名单里选一个人,开始练习吧

第一步:还原场景

首先,请闭上眼,将自己带回过去,感觉自己就在事件发生的那个场景里,大约两分钟。想象周遭环境。举个例子,我想象我那个恃强凌弱的校长就在篮球场上,是他让我在太阳底下罚站了好几个小时。

第二步:感受痛苦和愤怒

当你看见那个曾经伤害过你的人站在你面前时,请让情绪自然流出。让怒火在心中熊熊燃烧,让痛苦在心中波涛汹涌。不过,这一步不要太久,几分钟即可。

当你让这些情绪出来之后,进入下一步。

第三步:从原谅走向爱

继续看着那个人在你面前,不过,请怀着同情和怜悯。问问你自己:我从中学到了什么?这件事如何让我的生活变得更好?

在我做这项练习时,我想起了我最喜欢的作者之一尼尔·唐纳·沃许的一句话,"宇宙派给你的,只有天使"。这教给了我一项重要的现实认知,那就是每一个进入我们生命中的人,甚至那些伤害我们的,不过是信差罢了,携带着生命的重要课程。

想一想你可以从这件事中学到什么经验和教训,即使这件事让你痛苦不已。这些经验和教训如何帮助你成长?

接下来,聚焦到那个伤害过你的人。想一想,他或她的生命中,究竟经历了怎样的痛苦和愤怒,才让其做出那样的行为?

要记得,伤害别人的人,也曾被别人伤害过。那些伤害别人的

人，之所以会那样做，是因为在某个时间某种程度上，他们也被人伤害过。或许是童年时期，或许是最近几年。

在我做这项练习时，我把那个从我这里偷钱的男人想象成一个小男孩。或许他出身贫困，或许他的父母曾经虐待过他，或许他的生活十分困难，而唯一的生存方式则是偷窃。我不知道他过去的历史，我也不需要知道，但是怀着对他的同情和怜悯能帮助我更好地放下和原谅，而不是一味地愤怒，从而向爱走去。

这个过程会花几分钟，之后，你对这个人的负面感受会减少一些。重复该过程，直到你全然放下向爱走去为止。对于情节严重的，可能会花上好几个小时或几天；对于情节轻微的，比如和同事意见不合之类的，5分钟或许就够了。我从中学到的是，你不必去要求其他人原谅你。你只需要原谅他们即可，而这完全是在你掌握之中的。

这里有个重要的点说明一下。"从原谅走向爱"不意味着你可以接受那个人的行为，对我而言，即是接受他的偷窃行为，和撤销公安局的立案。你依然要保护自己，并采取必要行动。尤其是犯罪行为，你需要向警局报告。

不过，你不能让痛苦将你吞噬。

和我一同参与培训的朋友乔·波兰，次日用短信给我发了一则他在网络上找到的信息：

强大内心：当你完全和自己保持联结并处于和平的状态时，任何人所说的话、所做的事都不会影响到你，没有负面的东西能触碰到你。

当你学会真正的原谅时，你便拥有了一颗强大的内心。当有人对你不好时，必要的话，你可以采取防御性的行为以保护自己。不过,你照常生活,而不用在那些人身上耗费自己的能量。"禅宗四十年"之所以成为我所经历过的对我影响最大的个人成长之旅,是因为当项目结束时,巨大的解脱感向我拥抱而来。我将心中积藏许久的怨恨一一清除,把那些记不起但依然沉重的痛苦回忆一一放下,对那些我觉得伤害过我的人说一声谢谢;终于,我得到了解脱。

如今,我能感受到自己心中久违而期盼已久的平和和安宁。面朝大海,春暖花开。这项练习,你也可以做。

快乐自律秘诀三:付出

有位禅师曾说:让自己快乐的秘诀,在于让别人快乐。

付出,是必经之路。

付出,是感恩的延续。感恩,让我们充满了对生命积极的感受和能量。当我们的杯子满了的时候,我们便有能力去分享给他人。爱默生博士发现,那些练习感恩的人更加关心他人。鲍迈斯特博士的研究显示,描述自己为"付出者"的人更能感受到生命的意义。他也发现,赋予生命意义,和为他人谋福祉紧密相连。

分享快乐,能提高分享者和接受者两者的快乐水平,威力无穷。这很简单,因为快乐会传染。分享快乐的方式不一而足,可以是一抹简单的微笑,可以是早晨一声由衷的问候,还可以是一张留在公文包或午餐盒上的温暖小纸条;可以是超额完成项目任务,可以是主动承担家务活儿,还可以是留一张字条在你的同事桌上以表达感谢,又或者是给你心爱的人在下班时一个惊喜,一起去听一场夜晚音乐会。

付出,是分享快乐的秘密武器。我相信在这个充满不确定的世界上,真正重要的货币只有一种，那就是人与人之间传递的善意和宽容。

在 2012 年，我决定在 Mindvalley 尝试一个付出实验。我经常用一种叫作"文化黑客"的方式，来帮助在工作场所创造一种更健康、更具合作性的文化氛围。在"文化黑客"当中，我会在一个小组里使用意识工程的工具，让他们相互合作，共同成长。这一次，我想看一看如果我在同事之间创造一种充满更多感激和联结的氛围的话，那会发生什么。我决定采用的方式来源于付出的艺术。情人节就要来了，我听到许多单身人士正暗地里叫苦连天。所以，我们进行了这样的一个实验：

在情人节前一周，公司里的每一个人都会从一个帽子里抽签，抽同事的名字。他们将成为那个人为期一周的秘密天使。我们给每个秘密天使的要求很简单：每天为你的凡人做一件让他或她开心的事，为期 5 天。比如说早晨咖啡、羊角面包、糖果、鲜花、卡片或者仅仅是留在某个人桌子上的感谢纸条。这些仅仅是举的一些例子。在一周结束后，我们会公布谁是谁的天使，届时将会充满欢声和笑语。我们把这个叫作"爱情礼拜"。

结果，大家"八仙过海各显神通"，为自己的凡人准备了各种出乎意料的惊喜。有的人精心制作午餐并将其秘密送到，有的人亲自挑选手工艺品作为礼物，有的人在某个人的桌子上布满了鲜花和气球；更厉害的是，还有的人送了一张直通度假胜地的机票。

还有第二个惊喜。绝大多数员工说，相比于接收礼物和惊喜，他们更享受准备和付出的过程。他们超级喜欢每天谋划的感觉，心心念念地给自己的凡人准备一个他或她一定会喜欢的惊喜。如果他们对自己的凡人不太熟悉，那么好玩的事儿就来了。他们得想方设法从同事那里更多地了解他或她，然后再想点子，如何讨自己的凡人欢心。

这次实验是如此成功，以至于我们现在每年都会做一次。在"爱情礼拜"接近尾声时，整个办公室里都洋溢着欢乐。你可能会想，玩得多了，工作还怎么做呢？实际上，"爱情礼拜"是我们每年生产力最高的周数之一。一项调研了1000万名在职人员的盖洛普研究发现，那些表明"我的上司，或者工作中的某个人，似乎会给予我人性化的关怀"的被访者表现出更高的生产力，对利润的贡献更大，并更有可能长期留在公司里。

付出，是给你的生活带来快乐的秘诀。对同事一声真诚的肯定，一张手写的感谢字条，排队时让某个人排在你的前面，所有这些看上去微不足道的小事，却能极大地提升你的快乐水平；这一件件如同水滴的小事，积少成多，终有一日汇聚成江河湖海，让这颗星球成为一个更加美丽、充满善意的地方。

请不要吝啬你的善意。

练习：付出的步骤

第一步：列出你所有可以给予别人的事物。

包括：时间、爱、理解、同情、技能、想法、智慧、能量、物理上或身体上的帮助，还有呢？

第二步：深入并具体化。

什么样的技能？会计、写作、辅导、技术支持、法律帮助、办公技能还是艺术技能？什么样的智慧？职业经验、育儿经，还是帮助别人处理你曾经经历过的事情，比如从一场疾病中恢复或成为某个犯罪活动的受害者？什么类型（物理上或身体上）的帮助？修理物品、照顾老人、烹饪食物还是为盲人读书？

第三步：想一想你在哪里可以给予帮助。

在你的家里或家族里？在工作场所？在你的街坊邻居中？你所

在城市？本地企业？灵性群体？本地图书馆？青年组织？医院或是疗养院？政治性组织或是非营利性机构？或者为哪些被忽视的议题发声或创立一个群体？

第四步：追寻你的直觉。

　　回顾你的清单，将那些你感觉有所冲动的条目进行标记。

第五步：采取行动。

　　对那些带给你机会的机缘巧合保持机警，探索多种可能性。

通向快乐自律之旅

　　我的妻子克里斯蒂娜，曾和一位智者有过一次相遇。克里斯蒂娜曾在非政府组织工作过一段时间，在联合国难民高级事务处做志愿者。亚洲难民的生活极度悲惨，虽然克里斯蒂娜的工作很值得，但是每天目睹这么多的悲惨和不幸也会让人压力重重。用她的话讲，这有时会让她"几乎感觉内疚，因为自己这么的幸运和快乐"。

　　这个心结一直留在她的心中，直到有一天我们在卡尔加里的一次会议上，她遇到一位禅师，并问了他一个问题。克里斯蒂娜问，"如果每天看见这么多的悲惨和不幸，怎么可能快乐呢？"

　　这位禅师的回答其实是一个简单的询问，"但是如果你自己不快乐的话，那你能帮助到谁呢？"

　　这估计是理解快乐自律最重要的事情之一了，你可以被痛苦所缠绕，你也可以怀着更多的同理心和同情心，最终将溢出来的快乐分享给他人。这是卓越人生最高级的表达。

这将我们带到了第七定律。

> **第七定律：实践快乐自律。**
>
> 　　卓越之人明白快乐由内而生。在每一个当下，他们以快乐作舟，朝未来的目标和愿景驶去。

我希望本章向你展示了在生活中实践快乐自律是多么简单，带来的结果是多么惊人。实践并分享快乐自律，它最终会在你的生命中扎下根，茁壮生长。

第 **8** 章

创造未来愿景
学会如何确保我们所追寻的目标将真正助力于长期的福祉

> 人类啊。你为了追逐金钱,将健康牺牲;为了换回健康,却又把金钱奉上。你为未来担忧,而无法享受当下;当下和未来,都寻不到你的影踪。你活着,就好像永远不会死去;你死去,却发现从未真正活过。
>
> ——詹姆斯 J. 拉查德(JAMES J. LACHARD),
> 《人性中什么最令人惊讶》

前进势头

理想、愿景、愿望、目标,无论你怎么称呼它们,这些都是卓越人生的秘密武器,我把它们叫作前进势头。当生命失去了意义,就像大地失去了泉水,成了一地荒漠。

在本章,你将学习如何在你走向卓越的路上,设定更加大胆、合适的目标。我所遇到的每一个卓越之人,包括本书所提到的那些人,他们有着大胆而坚定的理想。我可以分享一个简单、有趣且实用的目标设定工具:请闭上眼,当你睁开时,已经是 10 年以后;不去问自己"我已经做了什么事",而是问:"这 10 年已经如此精彩,那么现在接下来做什么呢?"

目标设定的危险

现代的目标设定方式十分荒谬，我很早以前便不再使用。未经正确的培训或引导，这是非常危险的。你看，我们现在教给无数的高中生或大学生的目标设定方式，并不是帮助他们去过上卓越的人生，而是让他们追逐共同价值观所定义的目标，直到最后发现那些并不是他们真正想要的东西。普世规则所定义的目标能让你不犯错、安全地活着，但不能保证你真正地活着。

在这些普世规则所定义的目标当中，最荒谬的莫过于职业规划。你需要对人生进行规划，往前去追逐所谓的职业目标。结果，大多数人在设定目标和勾勒未来愿景时，他们主要的关注点在于职位和金钱，荒谬至极。

禅宗哲学家艾伦·沃茨有一句名言：

> 忘掉金钱吧，如果你认为追逐金钱是最重要的事情，你的生命终成一场空。为了谋生度日，你将会做那些你不喜欢的事情；你所谋得的生活的全部，便是继续做着你不喜欢的事情，愚蠢至极。与其在无尽的不喜欢中度过漫长的一生，不若在短暂的一生中做自己真正喜欢的事。

我们太多人追逐着以为会让自己快乐的目标，结果却在 40 多岁的某天醒来，不禁问自己究竟发生了什么，让我过上了一种无聊、停滞而毫无激情的人生。为什么会这样？

首先，对于许多工业化国家来说，最大的问题在于，通常我们在很早的时候就需要对职业做出选择，而那时我们甚至还没到合法买酒的年龄。刚入大学时我 19 岁，便需要选择未来的职业方向。于是，在我真正知道我喜欢什么之前，我选择了在计算机工程这个领域以开始我的职业生涯。在经历了好几年的坎坷和不顺之后，包括被微软炒鱿鱼，我才发现原来我给自己挖了一个大坑。在现代的目标设定方式当中，有一个基本性的缺漏：我们的大脑因为被胡扯规则所占据，所以混淆了目标和手段。

选择目标，跳过手段

你或许听过"这不是最终目的，而是实现它的手段"的表述，这同样适用于目标。人们经常混淆手段和目标，我们认为考上好的大学、获得好的工作是目标，但其实它们只是通向某个目标的一个手段。我们含辛茹苦、费财费力所追寻的目标，或许只是披上了目标外衣的手段。盲目地追寻，而不加以区分，没有好果子吃。关于目标和手段的区分，我希望更多人能在他们的生命中更早地学到。目标是生而为人最美丽且令人激动的回报，是沉浸于爱，是周游世界感受真正的快乐，是贡献社会享受有意义的人生，是学习新的技能只因单纯的喜欢。

目标是你灵魂的渴望，它们为你带来喜悦和快乐，不是因为它们能给你带来物质上的回报或授予某个标签，也不是因为满足社会的某个要求或体现社会所赋予的某项价值。目标，是为我们的生命创造最美好回忆的那些事。

我的目标有：

- 登上基纳巴卢山，透过身下的云层，看太阳从婆罗洲的岛屿上升起。
- 和克里斯蒂娜在挪威斯瓦尔巴特群岛度蜜月，一起在北极的暴风雪中徒步。
- 邀请我的员工一起见证我梦想多年的美轮美奂、艺术式的新办公室，并在第一次开门时注意看他们脸上惊叹的表情。
- 看我的宝贝女儿第一次跳舞（以比利·雷·赛勒斯（Billy Ray Cyrus）的《疼痛的破碎之心》作为伴奏）。

然而，我生命中的大部分时间，都在追逐手段。手段是那些社会告诉我们为了得到幸福所需要的东西，以前我所写下的大部分目标实际上只是实现最后某个目标的手段，而不是目标本身，包括：

- 以好的 GPA 分数从高中毕业。
- 考上好的大学。
- 拿到一份暑假实习。
- 在得克萨斯州奥斯汀市的三联软件公司获得一份好的工作。

其他常见的手段还有取得特定的收入水平、在工作上获得良好的评价并坐上一定的位置、和某个特定人在一起，不一而足。

当你心中只有这些手段时，生命便失去了其本有的光彩。

我喜欢作者乔·瓦伊塔尔（Joe Vitale）的这条建议："一个好的目标应该既让你心中存有一丝恐惧，又让你兴奋不已。"恐惧和兴奋是一个好的目标通常会带给你的两种美丽感受。恐惧是一件好事，因为这意味着你正在突破自己的边界，而这是走向卓越的必修课。兴奋，代表着你的目标是真正贴近你内心的，而不是为了讨好别人或遵从社会的胡扯规则而做的一些事情。

我辞职的那天

我的"叫醒电话"在 2010 年打了过来。我曾对自己承诺，如果我接连两周早上醒来都不愿意去上班，那么我应该辞职，考虑别的工作。在2010年，我第一次感觉到了那种不愿意。

Mindvalley 在那时还是一间很不一样的公司，我和迈克一同运营。迈克是我的合伙人，也同为密歇根大学的大学朋友。Mindvalley 那时是一间创投和初创企业，做着小型电子商务生意，目标是赚钱。我们开了好几家网店，做过一个软件算法用来算博客的文章质量，甚至还做过一个网址收藏引擎，尔后卖出。

迈克和我都很擅长各自所做的事情，但是我们的友谊很早已不在，一起工作也不再有那种特有的火花。Mindvalley 一边运营着，我一边做着其他的事情，迈克也是。我其中一个目标就是成功创建一间公司之后再退出，这样我可以在我的履历上又增添一条创业经历。而我就快要实现了，我的第二家企业，一家为东南亚做每日交易网站的公司，正蒸蒸日上，并且刚拿到一轮健康的风险投资。我同一时间运营着两家企业，根据我的目标清单，我应该开心才对：

- 快速成长的企业√。
- 融资√。
- 新闻媒体的关注√。
- 金钱√。
- 头衔和回报√。

然而我并不开心，我厌倦了工作，我讨厌我所做的事情，并且不想去上班。当我大多数朋友是商业伙伴和职员，然而我不喜欢我的工作时，我的友情也受到损害，孤单向我袭来。Mindvalley 的存在，只是为了赚钱，而没有让我感觉到任何的意义，或是对人类做出贡献。

事情是如何沦落到如此地步的呢？

我正处于心流状态当中，正改造着现实世界：我很快乐，并且有梦想牵引着我前进。我变得非常成功且富有，然而当我实现了我作为一名企业家所有的目标时，有些东西却缺失了。

我不小心掉进了陷阱，混淆了手段和目标。我的确成了一名企业家，拥有着自己的公司，以及银行账户里的钱；我自己当了老板，但是我并没有设定超越这些的真正的目标。

那么，我的内心里究竟渴望的是什么呢？

- 我想要去全世界各个美丽奇异的国家和地方旅行。
- 我想要和我的家人一起住五星级的酒店感受奢华。
- 我想要和我的孩子一起旅行，让他们接触到独特的学习机会。
- 我想要和来自世界各地做着大事且为人类创造真正价值的人们交朋友。
- 我想要遇见那些激励着我的商业大佬和个人成长领域上的传奇人物。
- 我想要将我自己的个人成长经历和方式落于笔端分享给全世界。
- 并且，我想要我的工作充满无限乐趣。

在 2010 年我写下了这些目标，终于不再是创业、赚钱和经营一家公司。我想要我的生命充满了乐趣和意义。

当你给你的大脑一个明确的愿景和目标时，一些有趣的事情就会发生。无论这个目标是一个手段，还是真正的目标，你的大脑都会找到一个办法，将它带给你。这就是我为什么说如果我们未经训练，那目标设定会是很危险的。你可以去到你根本不想去的地方，但是在你知道了目标和手段的区别和重要性之后，再来做我将在本章分享的练习，你更可能会去到你内心和灵魂真正想去的地方。

当我写下那个目标清单时，我压根不知道那些目标将怎么实现。不过，人类大脑在令人激动的愿景驱动下，会产生惊人的改变的力量。有时候，实现那些目标的方式根本意想不到，而这便是我的真实经历。

厌倦工作、感到孤单并渴望意义和冒险，我一定正经历着在早些章节里所提到过的人生低谷期。在不断跌落、跌落、跌落的过程中，一个灵感向我袭来，创办一个节日。

在参加大大小小的培训课程进行个人成长投资时，我已经不再理会那些打着个人成长的名号，实则在兜售快速成功和生钱之道的招摇撞骗之人。但是，我特别喜欢那种将志趣相投的人们聚集在一起相互分享和学习的活动。我曾被邀请到类似于"巅峰系列论坛"这样的活动中做演讲，我超级喜欢人们在培训室外一起聊天、分享的这种互动。"怎么让这种活动变得更好呢？"我心里寻思着。当时是在华盛顿，我在舞台上分享这本书里的一些想法。在我的演讲结束之后，我问观众有多少人愿意花一周的时间和我一起进一步探讨这些想法。虽然我没有任何的计划，连具体日期也无，但是依然有60多位观众举起了手。我将他们邀请到一个房间里，询问他们期望经历些什么。我所了解到的是，大家想要了解更多我在个人成长领域里的独门秘籍，并且想要在一个有趣的、天堂般的地方以小组或部落的形式进行。"那将是极好的（Awesome）！"一个人说道。

"我喜欢这个词，"我回应，"那我们现在先把这个叫作Awesomeness Fest吧。"没有时间和地点，我当下就卖出了价值6万美元的门票。现在，我有了种子资金。

在接下来几个月，我将这个想法进行落地。我邀请了好几个重量级嘉宾，包括酒店大老板奇普·康利，MBA课程教授斯里库马·拉奥，"巅峰系列论坛"创始人艾略特·比斯诺，再加上一些健身专家和其他嘉宾。仅仅我和我的助理米里亚姆两个人一起，便策划好了整个活动，共250人参与，位于哥斯达黎加。这是一次巨大的成功。

之后，我们将其改名为 A-Fest，这便是这个节日的来龙去脉。如今，每年会有成千上万的来自 40 多个国家的人，为了在这个星球上某个美丽的地方所举办的两次 A-Fest 而抢票。许多来自不同领域的世界级讲师、培训师，和我一起在舞台上分享我们在个人成长领域上最新的发现和所学到的东西，主题有"生物黑客""身体和大脑""信念改造"等。到了夜里，与会者们一起经历奇妙的冒险和派对，让大家相互接触，共同创造难忘的回忆。

我们踏过加勒比天堂般的岛屿，去过欧洲古老的城堡，玩过世界级景点巴厘岛。我们在世界上各个不一样的地方举办 A-Fest，我们融和音乐、艺术等其他元素，为人们创造最好的氛围。你可以在那里寻到朋友，找到恋人，结识新的商业合作伙伴。在此期间，我经历了未曾想象过的冒险，收获了不可思议的快乐，并和无数卓越的人成了新朋友。

A-Fest 像竹子般，拔节成长。这成了我做过的最令人激动的事情之一，然而没有任何一个类别可以来定义它。最美妙的是，它填满了我当时生命中所有的匮乏，实现了所有我所设定的目标：

- 友谊√。
- 住高级酒店√。
- 在世界上各个奇妙的地方旅行√。
- 让我的孩子接触到各种传奇人物和学习机会√。
- 遇见我所敬仰的商业大佬和专业人士们√。
- 无限的乐趣√√。

A-Fest 本不是最初的目标，但是它却奇妙地融合了我的目标清单里的所有条目，并创造了一个全新的方式。

这就是真正的目标奇妙的地方，它让你从那条千万人已踏遍的路途中离开，将你从限制性的现实认知和行为方式中抽离，帮你甩掉学校和社会灌输给你的胡扯规则，把你从龟速般的名为平庸生活的"脚踏车"上拽下，送你坐上通向卓越人生的光速火箭。

现在，我80%的好朋友是我在A-Fest上遇到的人。这只是我生命中的一个方面，当我关注于真正的目标时，其他好事也接连发生。

我卖掉了我的第二个公司，它让我的生活充满了痛苦。我把股权卖给了一个朋友，从中抽身。卖出的总额低于公司的实际价值。

我决定要么离开Mindvalley，要么把它变成让我为之自豪的公司。如果我的合作人和我相处不来的话，我们其中必须有一个人要离开。因为是我创办了这家公司，感觉和自己更亲，所以我决定把他的股权全数买回来。我为了从他那里买回所有的股权，花了上百万美元，并让自己陷入了负债。一直到2011年，我再次拥有了我自己的公司。我手上一分钱也没有了，但是我很开心。因了这份快乐，我在一年内让公司增长了69%。我不再回头。

改变目标设定的方式，让我的生命发生了翻天覆地的变化。摆脱了俗世生活的无聊和烦闷，重新踏上充满冒险和意义的旅程。我只希望我能早一点学到手段和目标的区别，便不会浪费了这么多年，追逐着外界所认为不错的目标，但丝毫不能让我为之心血沸腾。

所以，请不要以某个职业为目标，而让你最终在某个令人麻木的岗位上碌碌一生。也不要轻易说你想要创业，做一名企业家，而让你最后成为那个身负压力、无聊烦闷的人。相反，想一想你真正的目标是什么，你内心的渴望是什么，从而让你的职业或要创造的事情找到你。

现在，你怎么知道自己在对的路上呢？这里会分享一些法子，帮你检查你现在的目标究竟是手段，还是目标。

重点区分：手段和目标

真的。很容易区分。只需要看四个特征。

如何辨别手段

1. 手段通常有一个"所以"跟着它们。 手段没办法独自存在，因为它总需要通向某个别的地方。它们是一系列步骤中的一个，比如：获得好的 GPA 成绩，所以你能考进好的大学。通常，这意味着有一排的"目标"，一字排开，让你一生追逐；比如像这样：获得好的 GPA 成绩，所以你能考进好的大学，所以你能赢得好的工作，所以你能赚很多的钱，所以你能买一个漂亮的房子、车子诸如此类，所以在你退休之后你有钱去做任何你真的想做的事情。你的"目标"是否也有这样的一个"所以"跟着呢？

2. 手段通常是为了符合或满足某些胡扯规则。 你认为你"需要"达到的某个目标，是否是为了实现某个终极目标的一部分？比如说，你认为你需要考上大学，拿到大学文凭，其实为的是获得一份满意的工作；或者你需要和别人结婚，为的是获得爱。许多手段，其实是狡猾的胡扯规则。你不一定要结婚，不一定要拿到大学文凭，也不一定要创业，或是加入家族企业。你真正想要的是享受一段美丽的恋爱关系，拥有持续学习和成长的机会，和获得自由。而获得这些的方式不止一种，条条大路通罗马。看到区别了吗？

如何辨别目标

1. 目标是追寻你的内心。 在你追寻目标时，时间过得飞快。你也许要特别努力地工作，才能实现这些目标，但是你感觉这是值得的。目标让你感觉活着，当你围绕着目标工作时，这感觉不像是"工作"；你可以一下子工作好几个小时不停歇，但是它能让你感受到真正的快乐，或给予你意义感。你不必停下来充电，为这个目标而工作本身就是充电的过程，它不会让你感觉被掏空。比如，对于我来说，写这本书便是一个真正的目标。即使没有报酬，我也愿意，因为乐趣自在其中。

2. **目标通常是一种感受**。沉浸于爱、享受快乐、体验喜悦，这些都是非常好的目标。一张大学文凭、一项奖项、一笔商业交易或者其他成就的确能带来好的感受，但是它们并不是真正的目标，除非你在追寻它们的过程中是快乐和享受的。换句话说，为了拿到大学毕业证书而进行学习和研究的过程，或是完成一笔商业交易的过程，本身能给你带来由衷的快乐。真正的目标，在追寻它的旅程里，便藏着快乐。

三个最重要的问题

我们如何避免手段目标陷阱呢？我将现有的目标设定工具进行改进，发明了新的工具，叫作三个最重要的问题。当你按照正确的顺序回答这些问题时，这项练习将帮你直接跳到对你真正重要的目标上。

我发现所有的终极目标都可以放进三个篮子里。

第一个篮子是，经历。无论你相信人性本善或人性本恶，有一件事确定无疑。我们来到这里，是为了经历世界所提供给我们的一切——不是物质，也不是金钱，而是经历。金钱和物质只是服务于经历，而经历能给我们的当下带来巨大的快乐，这是卓越人生的关键要素。我们需要让我们的日常生活充满好奇、冒险和兴奋，从而让快乐延续，为我们的前进提供足够的燃料。

第二个篮子是，成长。成长让我们的智慧之树长青，并深化我们的觉察力。或是你主动寻求成长，或是成长主动找上你，而这让生命成为一段无止境的发现之旅。

第三个篮子是，贡献。在你体验过丰富的经历和成长之后，你将拿什么作为回报？我们所付出的东西，是我们在这个世界上所留下的特殊印记。付出让我们向觉醒靠近，这是最高级的快乐，赋予生命以意义。而这也是卓越人生的秘密武器之一。

好好想一想这三个至关重要的问题

三个最重要的问题

1. 在这一生当中，你想要体验什么样的经历？
2. 你想要如何成长？
3. 你想要如何做出贡献？

在你稍后做该项练习时，你将发现你在前几章所学习和探索的 12 平衡领域，和这个三个最重要的问题是多么完美地匹配在一起。实际上，我的 12 平衡领域是从这三个最重要的问题中引申出来的。下面这幅图会向你展示它们是如何完美地匹配在一起。

让我们更详细地看看这些问题。我建议你先阅读完所有的步骤以及本章后面的小贴士，在你感觉准备好的时候再进行该项练习。

恋爱关系 朋友关系 冒险经历 生存环境	} 经历
学习生活 个人技能 灵性生活 身体健康	} 成长
职业生涯 创意生活 家庭生活 社区生活	} 贡献

一大问：在这一生当中，你想要体验什么样的经历？

在这个部分，你将问你自己这个问题：

如果时间和金钱都不是问题，我也不需要寻求任何人的同意，我的灵魂真正渴望的经历是什么？

让我们把这个问题对应到 12 平衡领域的前四个条目：

1. 恋爱关系。你理想的恋爱关系长什么样子？从各个方面来设想：你们如何沟通？你们的共同点是什么？你们会一起做的事情是什么？你们在一起的一天会是什么样子？你们会如何一起度过假期？你们的价值观、人生观和世界观中有哪些是共同的？你们会有什么类型的热情而狂野的性爱体验？

2. 朋友关系。你想和朋友一同拥有什么样的经历？和你一同经历的那些朋友是谁？你理想中的朋友长什么样子？在一个理想的环境下想象你的社交生活：什么样的人？什么样的场合？什么样的对话？什么样的活动？和朋友一起度过的完美周末会是什么样子的？

3. 冒险经历。花几分钟想一想哪些人在你看来有着冒险的经历。他们做了什么？他们去了哪里？你如何定义冒险经历？有什么地方你一直想要去看看？有什么冒险你一直想要去尝试？什么样的冒险会让你的灵魂也歌唱起来？

4. 生存环境。在你完美的生活中，你的家长什么样子？在你回到这个地方时，你的感受是什么？描述一下你最喜欢的一个房间，在这个无与伦比的空间里都有些什么？什么样的床让你感觉像是睡在天堂一样？如果你可以拥有任何你想要的车，你想要驾驶什么样的车？现在，想象一下理想的工作场所：描述一下你在哪里工作状态达到最佳。在你外出的时候，你想要住什么样的酒店？在什么样的餐厅吃饭？

二大问：你想要如何成长？

当你观察那些年轻的孩子是如何如饥似渴地吸收知识时，你会意识到学习和成长原来是我们的天性所在。个人成长能够且应该贯穿一生，而不仅仅当我们还是孩子时。在这个部分，你本质上是在问你自己：

你有注意到这个问题和之前的问题是紧密

> 为了拥有上面的这些经历，我将必须如何成长？我需要进化成什么样的人？

相连的吗？现在，从12平衡领域出发，想一想这四个方面：

5. 身体健康。请描述一下自己理想中的模样？感觉如何？5年、10年、20年之后的呢？你想拥有什么样的饮食和健身习惯？你想要学习什么样的健康或健身方式？不是因为你觉得你必须这样做，而是因为你的好奇，因为想要试一试。有什么样的健身目标是你想要达到的？仅仅是为了达到这些目标时的兴奋和快乐，无论是登一座山，还是学习踢踏舞，或是养成去健身房健身的习惯。

6. 学习生活。为了拥有你所列出的那些经历，有什么是你所需要学习的？有什么是你想要学习的？什么样的书籍和电影符合你的口味？什么样的艺术、音乐或戏剧是你想要了解得更多的？有什么语言是你想要掌握的？请记住聚焦于目标，而非手段。选择那些本身就极富趣味的学习机会，要知道学习不仅仅是像文凭一样的手段，也可以是目标本身。

7. 个人技能。什么样的技能可以帮助你在工作中大放异彩，并且你也乐于掌握？如果你突然想要改变你的职业方向，有什么技能是必需的？有什么样的技能是你单纯为了玩玩而想要学习的？什么样的事情是你知道怎么做之后让你非常开心和自豪的？如果你可以回到学校里学习任何东西，而这仅仅是为了追求其中的乐趣，那么会是什么呢？

8. 灵性生活。在灵性的道路上，你现在在哪儿？你想要去哪儿？你想要更加深入你现在所进行的灵性练习吗？或是尝试其他的？什么样的灵性练习是你的最高目标？你想要学习诸如清醒梦境、深层次冥想之类的东西吗？或是战胜恐惧、焦虑和压力的方式？

三大问：你想要如何做出贡献？

让自己快乐的秘诀，在于让别人快乐。这一问将和你一起探索你所经历的所有体验和成长，将如何帮助你为这个世界做出贡献。不必是惊天动地的大事；相反，可以是邀请你的新邻居尝尝你的亲手做的食物，可以是请新进的员工出去吃顿午饭，可以是在疗养院里弹一弹钢琴，可以是帮助那些获救的小动物找到归宿，还可以是在公司里发起捐衣运动。

在这一部分，你本质上是在问你自己：

再一次，你会注意到这个问题是如何和上面两个相关联。想一想，立足于 12 平衡领域，你可以如何做出贡献？

如果你已经拥有了上面的那些经历和成长，那么你将如何回报给这个世界？

9. 职业生涯。你的职业愿景是什么？你想拥有什么水平的能力和素质？为什么？你想要如何帮助你的公司成长？你想在你的领域做出什么贡献？如果你的职业目前看上去并未给这个世界做出什么有意义的贡献，仔细看一看，究竟是你所做的事情真的毫无意义可言，还是仅仅对你来说没有价值？什么样的职业是你想要尝试的？

10. 创意生活。什么样的创意活动是你乐于去做的？或想去学习的？可以是任何事情，烹饪、唱歌、摄影（这是我的个人爱好）、绘画、写诗或者开发软件，不一而足。什么样的方式是可以让你的创意得以表达的？

11. 家庭生活。想象你和家人待在一起的感受，不是抱着一种你不得不做的心态，而是以一颗愿意投入的真心。你在做些什么事情？你在说些什么话？你们正在一起分享什么样的经历？什么样的价值是你想要进行体现并传递下去的？什么独特的贡献是你想要给这个家庭做出的？请记住你的家庭不必是一个传统的家庭，随之而来的往往是胡扯规则。这个"家庭"可以是同居伴侣，可以是同性伴侣，可以是丁克家庭，也可以是独自生活（把自己的几个好朋友当作自己的家人）。

不要掉进社会对于家庭的定义。相反，创造一种新的现实认知，把那些你真正所爱的人和想要花时间在一起的人看作你的家人。

12. 社区生活。这个社区可以是你的朋友、邻居、城市、省市、国家、宗教群体或是世界大家庭。你想要如何贡献于你的社区？看一看你所有的能力、点子和让你成为今天的你的这些独特的经历，你想要在这个世界上留下什么样的印记？并让你兴奋不已，获得深深的满足。对于我来说，我想要为我们的孩子们改革全球教育。那你呢？

这把我们带到了第八定律。

> **第八定律：创造未来愿景。**
>
> 卓越之人所创造的未来愿景并非他人所期，而是心之所向。他们关注于能真正带来快乐的终极目标。

将三个最重要的问题应用于工作、生活和社区中

你可以自己做这项练习，也可以和别人一起做。无论是美国，还是非洲；城市，还是村庄；各个学校正在通过这项练习激励和鼓舞学生们。公司和企业里，大家正在通过这项练习增强员工们的凝聚力和投入感。许多人和他们的伴侣一起做这项练习，创造着彼此分享答案时的亲密感。不妨和你的伴侣在各自生日或周年纪念日时做这项练习，你会有趣地发现彼此的目标随着时间的推移而慢慢进化。

灵魂蓝图

三个最重要的问题是如此的重要，以至于我们会和每一个加入Mindvalley的新人一起做这项练习。新人会经过意识工程的培训，培训内容和本书的内容大致相同，最后以三个最重要的问题的练习作为结束。他们会在一张信纸大小的纸上，画下三列并分别标记"经历、成长和贡献"。在每一列，他们会在写下自己在这一领域的愿景和目标，这张纸长这个

样子：

这对我而言，不单单是一张张纸，而是每一位加入我们公司的员工的梦想、愿景和目标。所以，我们给这一张张纸取了一个可爱的名字，叫作"灵魂蓝图"。

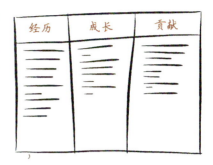

我们把每一个人的灵魂蓝图钉在一个软木板上，和他们的照片一起，这样子大家都可以彼此看见和分享。我们办公室的每一层楼都有这样的一个软木板，钉着在那工作的小伙伴的灵魂蓝图。每一个梦想就像一束舞动的光，在这个小小的空间里跳跃着动人的光芒。这是我们在Mindvalley做过的最美丽的事情之一。大大的墙上，这一束束光舞动着每个人灵魂最深处的向往。

从根本上讲，这也是一种保证公司信息公开透明的方式：同事之间知道彼此的梦想和愿景，管理人员清楚他们的下属前进的目标；而我明白每一位员工内心的向往，每一位员工也了解我内心的向往。

许多精彩的故事便是因这面墙而生。加入Mindvalley的埃米尔来自苏丹，他在22岁时做了这项练习。那时他有着大大的梦想，他写到自己想要成为一名专业的演讲者，并撰写一本书。基于他当时的情况来说，这些都是令人不可思议的大胆目标。但是在他26岁之际，埃米尔几乎将其完全实现。他写的那本书：《我的伊斯兰：原教旨主义是如何偷走我的心，而怀疑将我的灵魂释放》，并被《外交政策》杂志评为2013年25本必读书目之一。如今他写作，做咨询，并在顶级会场做演讲，从谷歌到哥伦比亚大学。

加入我们团队的卢米妮塔来自罗马尼亚，在她的清单上，她写着诸如"成为世界闻名的作家和演说家"和"成为灵性领域的世界级领袖"之类的目标。这些目标以最有趣的方式朝她走来。她曾经在自己的个人博客上，写了一篇叫作"想要快乐而需要放弃的15件事情"的博客。不知怎的，一年以后，这篇博客重新浮出水面，并在Facebook上火了一把。这篇博客触碰到了人们的神经，有120万人分享转载。在后来几个月，她拿到了出书的邀请。两个大目标就此从清单上华丽地划掉。

这些并不是什么稀奇事儿，一次又一次，我看到那些大目标以一种最不可思议的方式得到实现。不仅如此，这也是分享和成长的极好机会：你可以看一看小木板，瞧一瞧其他人写着什么，然后说"哇！这个超赞，我也想要！"并把它加进你自己的灵魂蓝图里。毕竟，激动人心的梦想总能找到它的同行者。

这面墙也让合作的灵感得以迸发。来自乌克兰的玛丽安娜是一位产品经理，她梦想着有一天去尼泊尔攀登喜马拉雅山脉。她在那面墙上找到另外三个在灵魂蓝图上也写着去尼泊尔的人，于是，这四个人一起请了一周的假，前往尼泊尔，相互帮助和支持，一同把清单上的一项目标给划掉。

公开地分享你的梦想和目标，能帮助你把它们变成现实。然而很少有人吐露自己的心声，说出自己的梦想，甚至承认它们。三个最重要的问题将你的梦想变成了一道光，照进漆黑的宇宙，一个由你、我和无数未知所构成的混沌系统。这便是这项练习之所以是本书中最重要的思考结晶之一的原因。

再给一点福利，请记住一旦你知道了你的下属或家庭成员的灵魂蓝图，你总有机会进行付出练习，通过给他们一些简单的礼物或是暗示，以帮助他们成长。经年累月，我发明了一种简单的管理技巧，我认为这是我作为领导人用过的最重要的工具之一。那就是我会用我的手机拍下每一位员工的灵魂蓝图，并随身携带。然后我会用心去读每一个人的灵魂蓝图，并时不时地送一本书作为惊喜，以帮助他们实现梦想。比如说，最近有一位新人写到自己梦想着学习公众演讲技巧并在有一天在 Ted 上做演讲。于是，我便给她带了一本书名为《像 TED 一样演讲》(*Talk Like TED*)，并且在书中夹了一张激励她的小纸条。当你在工作场合这样做的时候，神奇的事情将会发生。你不仅仅是在表达你的关心和在乎，而且你会让某个人整个儿被点亮，因为他们意识到这不单单是他一个人的梦想，背后所代表的是无数人的关注和支持。这是一种非常好的方式去建立信任，不需要昂贵的支出和花费，需要的仅仅是一片真诚的心。

练习：问问你自己三个最重要的问题

简单点。所有你需要做的事情便是找个地儿，在日记本、电脑、手机或者其他任何地方，写下你的答案。对于每一个领域，定一个闹钟或者看着手表，大约花 3 分钟即可。定闹钟是为了帮助关掉你的逻辑性大脑，让你的直觉和创意性大脑得以出来活动，而不让可怕的胡扯规则或过时的模式出来捣乱。在闹钟的帮助下，你可以在 10 分钟内完成一整个练习。

别过度思考。相信你的直觉已经知道这些问题的答案，不要在一个问题上花太久，也不必担心语法问题。让你的思绪自然流淌，画画图（如果有帮助的话）。这便是设定 3 分钟计时的原因所在，它迫使你关掉你的逻辑性大脑，从而让直觉性大脑自然而然地表达出你真正想要的东西。在 3 分钟之后，你有的是时间回过头来进行分析和分类。不过，请先严格遵守 3 分钟原则。

铭记手段和目标的区别。最快的方式是关注于感受，这个目标最后会带来什么样的感受？比如说，一个以感受为关注点的目标表述可以是，"生存环境：我想要一个每天清晨能让我在快乐中苏醒的房子"，或者"每个月至少两次，我会和我爱的朋友和家人们一同出去享用美味的午餐或晚餐"。

遵循这五步，帮你保持在正轨上。 通过这个快速指南，再次检查一下你的目标是否真的有和你的内心渴望保持一致。我们的首席引导师米娅·科宁，设计了这五个步骤，让这个过程更加清晰。

1. 确定一个目标。

2. 回答该问题，直到没有更多的答案为止：当我实现这个目标时，我将可以＿＿＿，＿＿＿，＿＿＿，（等等）。

3. 回答该问题，直到没有更多的答案为止：当我获得了所有的这些，我将感到＿＿＿，＿＿＿，＿＿＿，（等等）。

4. 判断你目标之下的真正目的，基于你对于第二第三个问题的回答。

5. 将这些真正的目的和原本的目标进行对比，自问：

- 这个原本的目标是达到这些真正的目的唯一的或最好的方式吗？
- 这个原本的目标是否足够去实现它们？
- 我能够以一种更有效的方式来实现它们吗？

当你进行检查时，你通常会发现你所认作的真正目标其实是一个手段而已，你也会更清晰地看见真正的目标究竟是什么。这样的检查会让你重获自由，真的去追寻你心中所向往的远方。

如何使用你的清单。 把它贴在一面你能看见的墙上，让自己有意识或无意识地朝着你的目标进发。和他人分享，原因自不多说。

> 你不仅将给别人的生命带来积极的影响,并也给予自己新的机会去成长。我无法用言语向你描述这项练习对于大大小小的公司所带来的积极影响,这是塑造 Mindvalley 公司文化最重要的工具之一,而成千上万的公司也正在采用这种方式。你不妨也推荐给你所在的工作场所。

好消息

好消息是你已经走上了正轨。当你设定远大而美丽的目标时,一些神奇的事情就会发生。你的大脑已经获取到了你所看见的和感受到的一切,它便回去干活去了,找到法子将你带到你所向往的地方。史蒂夫·乔布斯曾说:

> 看向未来,你没办法将一切连点成线;只有看向过去,你才能找到它们的内在联系。所以,你必须相信所有的这一切终将与未来的某一天联系在一起。你必须相信一些东西,比如你的直觉、命运、人生、因缘等等。因为相信这一路上的一切终将相连,会给你勇气去追寻你内心的声音,即使当它将你带向一条少有人走的路。而那一刻,便是一切开始不同的时刻。

当你以正确的方式回答了这三个最重要的问题,你便在"相信着这一路上的一切终将相连"。你将会注意并探索到那些能将你引领到你真正想去的地方的路。科学家或许把这叫作大脑里的网状激活系统,神秘主义者或许把这叫作宇宙、上帝、命运、共时性、吸引力法则或是思维创造现实,史蒂夫·乔布斯把这叫作"你的直觉、命运、人生、因缘"。

我把这叫作颠覆性思维。好好利用这个武器。

- 一份头脑风暴指导总结。
- 如何将三个最重要的问题带给你所在的组织和机构：观看 Mindvalley 如何将这套流程应用到自己的组织里。（我强烈推荐每一个公司都应该做这项练习，每一位管理者都应该看一看自己所管理的人的灵魂蓝图。）

PART
第 4 部分

迈向卓越
改变世界

• The Code of the Extraordinary Mind •
10 Unconventional Laws to Redefine Your Life and Succeed on Your Own Terms

在第 1 部分，你学会了觉察普世规则和你周遭的世界，并看清其本质。

在第 2 部分，你知道了你得选择你想要经历的世界。通过意识工程，你能选择你自己的现实认知和行为方式，从而加速你的成长和觉醒。

在第 3 部分，你探寻你内在的世界，并知道如何在当下的快乐和未来的愿景之间保持平衡。结合在一起时，这些能力让你处于在"改造现实世界"的巅峰状态。

在第 4 部分，我以所有的这些为基础，将带你升级到下一个阶段。在这个部分，你将学会如何改变世界。

卓越之人不会仅仅满意于生存于世，他们有着一种使命感、一种被牵引的感觉，去让改变发生。此时此刻，你也许开始感受到内心的一种冲动，想要通过创造新的模式、想法和生活方式来撼动普世规则，并让更多人追随于你。你从脱离普世规则出发，再次回到普世规则之中以帮助其进化。所有卓越的人都经历过这个阶段，他们再次回到了平凡世界，而让世界因为他们变得不再平凡。

但这并不是轻轻松松就能完成的，你需要学习最后两大定律。

在第 9 章，我们以这条定律开始：修炼强大内心。改变世界，非勇者而不可为。

迈 向 卓 越
第 4 部分

在第 10 章，我们将会着重于找寻你的天命——知道"改变世界，改变的究竟是什么"。你会发现你并不是一个人在战斗，你内在的导航系统将会助你一臂之力。

最后，在附录和工具部分，你将学到如何将这些方式方法融入一个日常的 15 分钟练习里，让你得以将本书所学到的内容融会贯通，化为己用。

第9章

修炼强大内心
学会对抗恐惧

> 去放下所有你害怕失去的一切。
>
> ——尤达（YODA），《星球大战Ⅲ：西斯的复仇》

出世之路

如今有一种灵性谬见甚嚣尘上：如要踏上灵性修炼之路，那必须从社会中脱离，谓之出世。换句话说，修炼灵性就意味着不能有远大的目标和抱负，要和财富和物质告别。

一派胡言。我相信当今世界上最富灵性的人们，正是那些正投身于推动人类进化的人。迈向卓越之旅，是连接你自己的灵性，让它推动着你去创造，去改变，去让这个世界也为之一颤。

肯·威尔伯，或许是目前在世的最伟大的哲学家，他就"无我"这个主题写过一篇美丽的文章。

在这篇文章里，他说：

迈向卓越
第 4 部分

大众里弥漫着一种具有代表性的想法。我们的灵性圣人需要断绝所有的七情六欲，也无眼耳鼻舌身意等人类最原始的欲望和感受。和普通人相比，他们必须舍掉这些东西……我们要求他们不被这些人类的原始冲动所影响，而这种"少"和"空"便是我们通常所指的"无我"。

但是，无我并不意味着舍弃和没有，无我之人承认他们有着人类最原始的欲望和感受。不过除此之外，他们还有着超越性的东西。想一想那些伟大的瑜伽师、圣人和先贤，从摩西到耶稣，再到莲花生大士。他们不是孱弱的胆小之徒，而是猛烈的创变者和运动家——从在寺庙里用牛鞭鞭打牲畜，到征服整个国家。他们以自己的方式让世界为之惊颤，而不是开空头的支票。他们中的许多人发起的社会革命数不胜数，延续上千年。

他们这样做，不是因为他们拒绝人性在身体、情绪和精神上的表达，而是以自我为工具，撼动着世界的固有边界。

肯·威尔伯这一段意味深长的话帮我化解了自己内心关于灵性修炼的挣扎。我相信灵性修炼的方式不止一种，其中一种便是保持自己的精气神——让自己充满积极向前的能量和挑战权威的勇气，不囿于各种科学家、企业家和其他大佬们在推进人类进步上的所作所为。有什么能比这个更让人为之振奋呢？我们不必在出世和入世之间纠结，我们可以两者兼有。实际上，有时候你想要在某一方面变得更卓有成效，唯一的方式便是掌握另外一方面。越是出世，越是入世；愈入世，则愈出世。

出世还是入世

在《星球大战》里有这样一个场景，尤达坐在年少的阿纳金·天行者（Anakin Skywalker）的身边，对他说，"对失去的恐惧，会将你引向黑

第 9 章　修炼强大内心

暗的一面……训练你自己，去放下所有你害怕失去的一切。"但是对于阿纳金来说，这条建议似乎很难实践。他不仅被失去妻子的恐惧所控制着，而且这一份恐惧日益增长，成为他生命的推动之力，最终将他变成了黑武士。那一个场景引起了网络上的争论：尤达怎么能期望阿纳金不去害怕失去自己的心爱之人？毕竟这是人的天性啊。

我相信尤达想说的是这些。

要成为一名真正伟大的战士，你必须征服你心中的恐惧。我们无法逃脱对他人、对目标的依赖，也躲不过对失去他们的恐惧。但是一名真正的绝地武士知道，对他人和目标的依恋会将我们的力量吞噬。但这依然是可能的，毫无依恋地去追寻一个目标，去深深地爱上一个人。我们通常所真正害怕的，不是害怕失去另外一个人，而是害怕失去我们所投射在他们身上的那个自己。当我们将自己的自我价值感和幸福快乐依附于外界的人和事物时，我们便把那个自己拱手相让。

疯狂去爱吧，拼命追寻你心中的梦想吧，但是请记得从自己内心的蓄水池里寻取爱和满足，而不要向某个人或目标伸出乞讨的双手，这样你才能成为真正的绝地武士。实际上，你会发现你将更自在地去爱那个人，更轻松地去为某个目标奋斗。不过，这一切都从内心的感受开始。

在你去追寻属于自己的使命和天命之前，你首先需要找到你的绝密武器。

这个想法来自于我在"禅宗四十年"里的经历，在生物反馈仪的帮助下，在做完原谅的功课之后，我感受到一股深深的内在平静。那种感受便是内心强大的一种表现。我不知道这个词的出处，但是它在 2015 年开始出现在网络上，并附以这样的一段解释：

强大内心的定义：
当你完全和自己保持联结并处于和平的状态时，任何人所说的话、所做的事都不会影响到你，没有负面的东西能触碰到你。

听上去不错,对吗?

问题是:我们如何达到这样的状态?

有两种现实认知可以帮助你实现这样的状态,它们不仅让你和真正的自己保持紧密的联结,并给予你强大的力量感,去调整你的心灵和情绪状态。

> **第九定律:修炼强大内心。**
>
> 卓越之人不需要获得外界的认可,也不需要通过实现目标来证明自己。他们和自己,和世界,自在地相处。他们心中无所畏惧,宠辱皆忘,快乐和爱由内而外地生长。

修炼强大内心之第一要义:自给自足式目标

就像我们在第 8 章所讨论过的那样,当你以"所以"式的问句去将一个目标越挖越深,直到你触碰到内心真正渴望的那种感觉时,那将会发生什么? 2014 年 8 月,我在茫茫沙漠中找到了这个问题的答案。

当时我是在"火人节"上。"火人节"是内华达州黑石城一年一度的著名节日,人们从世界各地而来,聚集在茫茫荒漠之中,从零开始建造一座城。成千上万的建筑、设施拔地而起,这是一次创造、设计和文化的狂欢,震撼人心。随着人潮退去,这一切又会被拆解,归于灰烬。超过 75000 名"火人"(参加节日活动人的自称)参加了 2014 年的活动,很多人将此看作一次深层次的灵魂之旅。

在靠近中心地带的地方有一个叫作寺庙的独特建筑。那年,我所在的寺庙是一个木制雕花、带穹顶的建筑，极美。上千人每天在那里冥想，祷告。每当夜幕降临，炎热散去，沙漠上便缓缓行走着微微的风。自从我到了那里之后，每个夜晚我都会走去寺庙，踩着细细密密的沙子，然后坐在柔软的沙岸边，和数百名"火人"一同冥想。

寺庙里充满了一股难以描述但十分惊人的能量。因为是临时性的建筑，所以每一个角落都贴满了手写的小纸条，以表达寄语、希望和纪念。朋友、家人。生者、逝者。人类的思绪和情感，汇聚成一片不断振动着的能量场，向四周传递。

我在寺庙里回顾着自己的目标和人生。某个夜晚，我正坐着冥想，一个念头在我心中冒出，而这个念头从根本上转变了我选择真正目标的方式。

我现在把这种目标称作"自给自足式目标"。比方说，让我们虚构一个人叫作瓦内萨。瓦内萨最近和丹结婚了，瓦内萨也许会写下这样的目标：

"和丹疯狂地相爱"。

> 一个好的目标，你对它有着绝对的控制，没有外物或他人能从你这里将它夺走。

这是一个真正的目标吗？看上去是的，但实际上并不是。为什么？因为这个目标是否可以实现很大程度上取决于外界的某个人。如果她和丹分手了，怎么办？

对于瓦内萨而言，一个更好的目标也许是：

"被爱围绕"。

这个目标的美丽之处在于瓦内萨可以控制它，因此说是"自给自足"的。如果她和丹能长相厮守，那么这个目标便能实现。假如他们离婚了，瓦内萨依然能接受来自于朋友、家人、新的伴侣的爱，又或最好是，来于自己对自己的爱。

想要设定像这样更为扩展且真正有力量感的目标很简单,而这样子的目标很大程度上是在我们的掌控之中的。在"火人节"里,我意识到对于我自己而言,我能写的最好的目标不是"和克里斯蒂娜持续相爱"或者"和我的孩子保持亲密的关系",而是"被爱围绕"。

这个目标将我从不得不依赖于别人而获得爱或是从他们那儿索取爱的牢笼中解放出来。我很爱我的妻子儿女,但是我不能要求他们回报我以等量的爱。之前我所设定的目标,很大程度上依赖于另外一个人,这让我陷入无力感的旋涡。这对于所有人都成立,我们不应该依赖别人以获得爱。

这个想法类似地也可应用到我们和孩子的关系中去。"和我的孩子保持亲密的关系",听上去像是一个不错的目标,但是假设有一天孩子到了一定的年龄,决定搬得远远的,或是不再需要我们的亲密感了,那怎么办?于是,我把我的家庭目标从"和我的孩子保持亲密的关系"改成了"尽我可能,做一名最棒的父亲"。因为这个目标是我所能控制的,它让我以动态的眼光去留意孩子在不同年龄阶段对我的需求是什么。

当我的目的地发生改变时,我的内在导航系统也随之调整,将我引向更多帮助我到达新的目的地的机会和情景。我的人际关系得到极大的改善,我不再向外伸出乞讨的双手,而以一种我从未有过的水平,开始感恩和爱自己。因为我内心的杯子被装满了,所以我开始更多地去爱和感激他人,去给别人分享我杯子里的水,而不再无理地去抢夺别人的。

在经过一番思考之后,我把我的冒险旅行目标进行了调整。我是真的想要去蹦极吗?还是只是随大众?所以,我将其改成了"享受最美丽、最精彩的人类体验"。看,我可以自行定义什么是精彩的人类体验。我可能在

90岁时，没办法像现在一样使用我的身体了，但依然能拥有精彩的人类体验。我可以把我的孙子孙女抱在怀里，也可以和我的妻子好好享受一杯上好的威士忌。

在设定新的目标之后，我决定每年带着我的家人一起去环游世界，度过一个特别的假期。自那以后，我们去了爱丁堡、苏格兰和新西兰，并一起创造了美好的回忆。即使哪一天我没办法出门了，或是决定不再去旅行，但是基于这个扩展后的目标，我依然可以拥有最美丽的人类体验。仅仅是待在家，和我的女儿一起玩儿，或是和我的儿子一起搭星球大战系列的乐高积木，也是一种享受。最近，我发现我自己仅仅是坐在自己的沙发上，喝着自己探索到的好喝的红酒，吃着最美味的巧克力（日本ROYCE葡萄兰姆酒巧克力，如果你一定要知道的话），看着喜剧中心频道上的《每日秀》，也能感受到无尽的快乐。对，就是这样简单。

现在，我的第三个自给自足式目标是"保持学习和成长"。很长一段时间，我有非常具体的学习目标，比如"每周读一本书"。这样的目标本来并无大碍，但是对我而言却成了一种负担。尤其是有一个上百人的公司要管，有两个孩子要带，我能阅读的时间越来越少。坐在寺庙里时，我心中的灵感告诉我，是时候重新设定我的学习目标。

结果对我来讲，每周读一本书倒成了一种手段。我真正想要的是获得知识。当我扩展了我的目标之后，我学习的手段也跟着丰富起来，比如同侪智囊团、线上课程和"人才交流"。在"人才交流"里，我得以和一个朋友进行60分钟的通话，他是某一个领域上的专家，我们彼此交换笔记，分享在该领域上的最佳实践。

当你的目的地发生改变时，你的导航路线也会跟着变。一个好的目标，总能为你打开新的可能性，提供不一样的实现路径。

自给自足式目标的最美之处

下面是我现在所追寻的三项扩展型目标，你可以看到它们的共同之处吗？

1. 被爱围绕。
2. 享受最美丽、最精彩的人类体验。
3. 保持学习和成长。

这些完全在我的掌握之下，没人可以从我这里将其拿走。这意味着任何失败也不会对我造成影响。我可以无家可归，孑然一人，睡在纽约大街上。但是我依然可以活在爱中，因为我能通过爱自己，将自己的杯子倒满。我也可以继续学习和成长，只要我能找到一张旧报纸或是一本被扔掉的书来读。我甚至还能享受美丽的人类体验，因为我能看见每一天生活中的喜悦和快乐，哪怕只是在中心公园散步。

当你设定了自给自足式目标，并收回了你自己的力量时，没有什么能从你的生命中离开。爱、学习、美丽的人类体验，这些会相伴你一生。你可以活出你自己的颜色，并去追寻那些曾经遥不可及或难以想象的梦。太多人因为害怕失去，而在成长之路上止步不前。但是当你继续深入这项练习时，你会意识到，失去并不存在。快乐完全在你的掌控之中，当你无可失去时，你便张开了自由的翅膀，在广袤无垠的蓝天下勇敢飞翔。

用勇气代替恐惧，是修炼强大内心的关键秘诀之一。大部分人终日惶惶不安，忧虑重重。担心失去爱。担忧成功的速度太慢。不断地自我贬低，我一点儿也不重要，我没有影响力。害怕失去能让自己开心的人和事物。但是，当你放下将你引入歧途的胡扯规则，当你不再关注手段而去创造自给自足的真正目标时，你便会变得无懈可击。你不再担心别人怎么看你、怎么想你，或是想要从你这边夺走什么，你将自己从中解放出来，从而去追寻更大的梦想，去往更美的远方。

当你变得无懈可击时，这不意味着你将满足于小目标。相反，这意味着你不再追逐那些需要别人给你才能获得的东西。基于我的三个最重要的问题，我有着更宏大的目标。我对于 Mindvalley 的目标是创造一所服务于人性的学校，让数十亿的人得以在同一个教育平台上学习真正让他们迈向卓越人生的东西，而不仅仅是目前工业化时代教育系统所提供的那些。这是一个非常大的目标，任重而道远。但是我一点儿也不焦虑，因为我的快乐并不是来自于打造一个赚好几十亿的教育公司。那个目标当然会让我兴奋不已，但是我的快乐本身来自于那三个简单的目标，随时调整，随时把控，没有人和事情可以将我的快乐没收。

我当下的快乐，为我的追梦之路供给着充足的燃料；我的未来目标，让我当下的快乐如雪球般越积越多。因为目标里的关键部分——爱、学习和人类体验——已经正在实现了。所有的一切，都环环相扣。

我相信，这就是古代的禅宗大师和尤达所说的"不假于外物"的意思了。他们不是说没有目标，有目标，但是你的快乐并不取决于你目标的实现。与其苦盼着从目标的实现中获得快乐，不若学着在每个当下创造快乐。当你意识到这点，对失去的恐惧便遁于无形。你可以大步向前，勇敢前进，并享受当下。

修炼强大内心之第二要义：意识到你是足够的

在第 4 章，我向你介绍过玛丽莎·皮尔，著名的英国催眠治疗家。她对我所做的工作，是帮助我看见了我幼时的不安全感如何影响着我成年后的目标设定和取得的成就。

迈向卓越
第 4 部分

几乎每一个人在幼时，都因为某个人或是某种情景而造成了自己不足够的信念。玛丽莎·皮尔，在她被许多人观看过的 A-Fest 上的演讲里，把这种我们所携带的认为自己不足够的信念，叫作"影响人类的最大疾病"。

这种认为我们是不足够的现实认知让我们如此的痛苦，导致我们穷尽一生忙忙碌碌，图的只是证明我们是足够的。有时，这种痛苦也是一项资产。比如，为了证明我自己是足够的，这种推动力将我引到了一定程度事业上的成功。

但是这不是最优路径，因为为了证明自己是足够的有一项隐藏的成本。这个成本便是你将依赖于外界的人和事物，去获得对自己的认同。

你下班回到家，或许想着自己的伴侣能够以某种特定的方式招呼或对待你。如果没有的话，你便感到失落或是被拒绝。

在工作中，你或许期待着你的老板或上级能够表扬你，注意到你，或是听到你的想法。如果没有的话，你便觉得你没有被重视或得到应有的尊重，又或者说你的老板就是个混球。

又或许是你的儿女经常不给你打电话，或是你的兄弟姐妹不记得你的生日。嘣！情绪就上来了。

在上述这些情景当中，很可能是"我是不足够的"的这项现实认知在作祟。最吊诡的事情是，如果你携带这项现实认知，你还特别难承认它，或甚至是意识到它在那儿。所以相反地，你将其埋葬，并针对那个你想要寻求认同的人创造出一条新的现实认知。你大脑里的含义制造机开始高速运作，你觉得：

- 我的丈夫有时候真是个不懂得体贴人的混球。
- 我的儿子一点也不懂得感恩和孝顺父母。

- 我的姐姐根本不在乎整个家——烂人一个。
- 我的老板就是个不懂得赏识人才的蠢货。

这是最消耗能量的现实认知，因为你正在责备外界的环境，让外界的人事物给发生在你自己生命中的事情背上黑锅。这项现实认知夺走了你自己对人生的掌控权。虽然你无法控制别人怎么说、怎么做，但是你能控制你自己的反应。为了让内心更为强大，你需要收回那双从外界寻求认同或爱的乞讨的手，并闭上那张因为别人没有给到你想要的从而叫叫嚷嚷、骂骂咧咧的讨厌的嘴。

从满是伤痕到完整无缺

当你针对别人的某个行为而制造对应的含义，或是对那些没给你所需要东西的人破口大骂时，你其实是在试图抚平心中的某一道伤痕，而外界恰好提醒了你这道伤痕的存在。每一次痛苦的根源在于感觉自己不足够，所以我们向外界寻求认同、爱或鼓励，而每当我们感觉到负面的评价或是有人对你做出无礼的行为，你便感觉受伤或生气。

但是请记住，你有能力去抚平你心中的伤痕。

而且神奇的是，当你不再强求于他人而自己把这个伤给治愈时，你反而更容易获得你想要的爱和认同。

最有魅力者，莫过于那种深爱着自己从而全身散发着积极光芒的人。将自己的杯子装满了，溢了出来，且能分享给别人和整个世界。

免疫于他人的行为和评价

你知道当你感觉受伤，或是针对其他人的某个行为或言辞制造对应的含义时，你其实是有一道伤痕等待被抚平。

迈向卓越
第 4 部分

你无法控制别人对你的所作所为，但是你可以控制你自己的反应和你心中的含义制造机如何去理解那个行为。关键在于战胜心中想要证明自己的欲望，和阻止自己因为缺乏来自别人的爱和认同而感觉自己不足够的趋势。

回忆起来，在我青少年时期，我有过这样痛苦的时刻，且至今记忆犹新。那是 1990 年，我 14 岁。那时香草冰（Vanilla Ice）的歌《冰冰宝贝》正火，我超爱那首歌。就像学校里那些很潮的酷酷的学生一样，我努力去记住每一句歌词。

有一天在休息的时候，我看见一群人聚在一起，那是班上每个人都想要和他们一起玩的潮男潮女们。他们围坐在桌子上，哼唱着《冰冰宝贝》。他们的棒球帽朝着后方，一边打着响指，一边耍酷。

在他们唱到我恰好知道的某一小节时，我知道证明自己的机会来了。我便立马挤了进去，带着酷酷的表情，大声哼唱。

但是我不小心把歌词给唱岔了。其他孩子停了下来，盯着我看。我竟敢篡改香草冰美妙的歌词，简直是一种亵渎。然后群里面一个大家都在寻求其认同的很潮的女孩，厌恶地说：''天啊，这人真奇葩。''

我的世界顿时崩塌。我垂着头离开，寻求认同的失败让我痛苦不已。

25 年过去了，依然恍如隔日。当时为了证明自己而去背那些歌词，多么难以置信。如今，这对于我来说毫无意义，即使是记住香草冰的整张专辑。不过，在那时，却意义重大。如果你回想你过往的经历，或许也有类似这种事情发生。有趣的副作用是我现在能把《冰冰宝贝》的歌词倒背如流，我再也不会把它搞混了。

当你回首你过往的经历，无论是那些最痛苦的还是最快乐的，你很可能会发现，你的含义制造机当时正高速运作着。某个人的一言一行正以某种方式影响着你，而你正制造着对应的含义。

为了让内心更为强大，我们需要学会对这样的言语和行为免疫，无论是夸奖，还是批评。当你每一次因为别人的夸奖而洋洋得意时，你便也让别人有机会通过对你的批评而让你体无完肤。所以，把别人对你的夸奖或批评当作不过是某个人自己的现实认知罢了，和你真正是谁，毫无关系。

我们生来便是完整无缺的，像水晶一样晶莹剔透，完整且美好，无须他人的肯定。幸运的是，有一些练习秘籍可以帮助我们修炼强大内心，让自己变得更加无懈可击。

修炼强大内心的秘籍

下面三门秘籍是我从一些"武林高手"（大佬）那里学到的行为方式。你可以将其进行应用，从而真正创造对自己更深的爱和认同，并帮助你对抗恐惧和焦虑。把这三门秘籍结合在一起练习，将助你走向无懈可击之路。

秘籍一：镜子里的人，练习爱自己

这门秘籍是从硅谷企业家兼投资人卡马尔·拉维康特那里学到的，他在我的意识工程培训项目中和我分享了这一点。

卡马尔曾经历过一次严重的病痛和抑郁，并从中走了出来。他意识到他所有不满的根源，在于对自己爱的匮乏。他在他的作品《爱你自己，就像以此为生一样》（*Love Yourself Like Your Life Depends on It*）中分享了这一段经历。

卡马尔所分享的秘籍之一是，看向镜子中的自己，并且说"我爱你"。和镜子中的自己对话，就像是直接和你的灵魂对话，尤其是当你看向自己的双眼时。你有注意到过当你真的看向某人的眼睛到一定的时间时，会感觉不自在吗？其实不自在的原因是这种眼神的交流会带来爱和亲密的感觉。

可以先从一只眼睛开始。一旦你看向那只眼睛，便不断重复地对自己说"我爱你"。声音可大可小，时间可长可短，只要感觉对。

卡马尔建议你每天练习。这应该是定期的锻炼，就像是去健身房一样。你可以把它和早晨刷牙的习惯结合在一起，当你刷完牙，不妨凑近些，凝视镜子中的自己，然后练习。

我可以为这个练习的效果担保。因为在卡马尔和我分享之后，我便开始练习，我能感受到内心安全感和爱自己程度的显著提升。不超过一个礼拜，我便能感受到自己以一种全新的方式在与人相处。

秘籍二：自我感恩，练习自我认同

我们在第 4 章谈到过"我喜欢上自己的 1001 件事"的练习，把它用起来。这项练习对于关闭含义制造机非常管用，同时也能帮助你治愈幼时低价值感的创伤。

简单地去想你身而为人让你喜欢自己的原因是什么。是你的幽默感？还是你对书的品位？（哈哈，谢谢你。）是你给上一个服务生留了一大笔小费？还是你每一天对于个人成长的执着？或许是你银行里还躺着一笔数目可观的存款？或许是你虽然穷困潦倒，但依然乐在其中？你找到的原因或大或小，都没关系。不过是当你的含义制造机超速运作时，请保证你每天能找到 3～5 件事情，让你感到自豪和骄傲。

我会在每天早晨醒来后做这项练习。去吧，去向你生活里的一切表达谢意和感恩，感谢它们让你感受到生而为人的幸福和快乐。去吧，去赞美生活的美，但是请保证把自己也包含在生活的美的创造里。你会看到它对于你接下来一天的积极影响。

秘籍三：活在当下，练习对抗突如其来的恐惧和焦虑

当突如其来的恐惧和焦虑向你袭来时，你或许时不时地需要做一次快速的修整，让自己回到无懈可击的状态。我也有过这样的经历。

那是 2015 年 11 月一次定期的家庭礼拜天聚会。万圣节刚过，我和我的妻儿从两周的长途之旅中回到了家。那两周我们去了位于佛罗里达州奥兰多市的环球影城，参加了在哥斯达黎加的 A-Fest 活动，拜访了在洛杉矶和凤凰城的朋友。本来回到家的感觉挺好的，但是当我和家人坐在餐厅里时，我感觉有些东西不太对劲。

胸腔内，我的心脏跳得格外快。一阵不寻常的痛袭上心头，一部分是恐惧，一部分是焦虑。两周的外出是有代价的。我回来之后得继续作为 CEO 管理一家快速增长的公司，但是我感觉心里被掏空。400 多封邮件等着被回复，我新书（这本书）的手稿被拖了两个礼拜。不止如此，还有一个熟睡的婴儿躺在我旁边的婴儿车里，一个八岁的孩子需要帮忙喂吃的。我感觉很不愉快，压力重重。我能感觉到肩头上的重压，似乎我得马上开始做事情一样。

刹那间，我想起了我的作家朋友桑妮亚·乔凯特的建议：活在当下。

我把我的注意力从恐惧和焦虑上移开，相反，我把目光投向了我面前的植株上。叶脉如隆起的山丘在叶子上缓缓移动，阳光一粒一粒地滴落，砸在叶子表面，溅起金黄的涟漪。我拿手指慢慢抚摸叶子的纹理和脉络。顿时，宁静如暴风雨般降落，心如一片海。一切恢复如初，这就是关注于此时此刻的力量。当下这个时刻，它邀请你从焦虑、恐惧、评判、气愤或沮丧的热房子里走出来，来到凉爽宁静的森林里，沉浸于此时和此刻，唤醒本真的自己。

下一次当你感觉你快要爆炸，或是感觉被冒犯、被议论，或是被所爱

的人伤害时；请记住，回到此时此刻。这个快捷的自动恢复练习能立马将你从压力和焦虑的泥淖中拉出来，回到当下干净的快乐和幸福里。

在我采访阿里安娜·赫芬顿时，她分享了一个快速有效的方式，以帮助自己回到当下。当你感觉压力袭来，或是急急忙忙，或是分神时，请把注意力放到自己呼吸的一起一落上，10秒钟。

阿里安娜说：

"这个方式能让你活在生命的每一个当下。你还记得在忒修斯杀死了弥诺陶洛斯（人身牛头怪物）之后，阿里阿德涅给忒修斯的救命路线吗？对我来说，这个救命路线就是我的呼吸。每一次的焦虑时刻，每一次的压力山大，每一次的骂骂咧咧，都为你送上了一份不可思议的礼物，替你打开当下的大门。这份礼物，人人有份。因为每一个活着的人，都会呼吸。"

悖论

在刚录制完玛丽莎·皮尔在活动中的演讲，我们的摄影师阿尔想到他对于"我是足够的"存有疑问，于是他向玛丽莎提问。

简而言之，他的问题是：如果"我是足够的"这个命题是真的，我们真的不需要从别人那里获得认同或称赞，那么驱动着我们做大事的力量又是什么呢？什么能阻止我们就坐在沙发上，吃着薯片，看着电视，什么也不做，仅仅享受当下的时光呢？

玛丽莎回应道：

"如果你一整天坐在沙发上，什么事情也不做，这恰恰说明了你认为自己是不足够的。你很害怕，害怕失败，害怕被拒绝。你害怕那些东西会成为你实际上是不足够的证明。所以你待在原地，不敢出发。"

玛丽莎继续说道：

"但是如果你相信你是足够的，那便是你采取行动的时候；那便是你走出去，尝试新的东西的时候；那便是你去应聘你真的想要的那份工作的时候；那便是你去要求升职加薪的时候。因为你是足够的，所以即使你失败了，你也不会往心里去。因为这不是你的问题的，你本来是足够的，而是你的技能或使用的方法和工具有待改善。因为你知道你是足够的，所以你接下来能去精进你的技能，改善你的方法，换一种工具等，从头再来。"

我发现这是一种美丽的悖论：知道我们是足够的，反而给了我们勇气去做更多事情，把事情做得更好，并拼尽全力。当我们内心足够强大时，那些阻碍着我们前进的最大恐惧不再对我们造成影响。我们在前进的路上，无所畏惧，所向披靡。

即使我们失去了所有的梦想和财产，我们依然能笑面人生。因为真正的目标——那些我们渴望的感受，譬如"活在爱中""享受美丽的人类体验""学习和成长"，是自给自足的。

当你抚平你内心的伤痕时，你不再需要从外界获取认同来证明你是足够的。当你设定的目标来自你内心深处的感受，来自你对有意义的人生的追寻时，你便已经实现了生命的再一次蜕变，进入到下一个新的阶段，在迈向卓越人生的路上更进一步。如今的你已经唤醒了心中沉睡的勇气，凭着这份勇气，你可以扩展普世规则的边界，真正改变世界。

当你内心足够强大时，所有的小问题都失去了意义。你不再关心那天谁没有回你信息，你不再担心上涨的油价，你不再在意对你说不的同事。你有更重要更紧急的事情要处理。大多数人的问题，在于他们只关心鸡毛蒜皮的小事，而忘记了"天下兴亡，匹夫有责""士不可以不弘毅，任重而道远"。

迈向卓越
第 4 部分

你不会为小事而烦恼，也不会被其他人的不礼貌、敌意或怨恨所拖下水。你没有时间搞政治活动，在背后捅别人刀子；也没有时间相互泼脏水，相互指责；更没有时间闲言碎语，论人是非。你不会让那些无聊的人和事情破坏你美好的一天。

当你内心足够强大时，你超越了所有这些无聊琐事。相反，你想着如何给这个世界带来积极的影响，你念着如何加快人类进化的进程，你思考的格局和视野更为大气和宽广。你的目标是为人类做贡献，为世界谋福祉。我把这些目标叫作"天命"，我将在下一章探讨。

第 **10** 章

踏上未来征途
学会将一切融会贯通并过上有意义的人生

> 即使是最微不足道的人,也能改变未来的方向。
>
> ——J. R. R. 托尔金(J. R. R. TOLKIEN),《魔戒》

回顾

本书的每一部分都代表着一种升级。每升级一次,你对世界的觉察和影响力便进入到下一阶段。

用一个简单的图表来描述,这种循序渐进的进化方式会是这个样子:

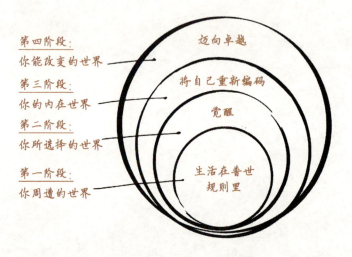

阶段一：生活在普世规则里

在本书的第一部分，你觉察到了普世规则是如何主导和控制着我们。你知道了文化环境里的种种规则如何影响着现在的你，而有些规则可追溯到上千年以前。你学会了如何识别和摆脱胡扯规则，而不受其影响。

在第一阶段，你被你周围的世界所控制、影响和塑造着，生命之舵并不由你掌控。但随着你的觉察力和影响力的扩张，你将升级到第二阶段。

阶段二：觉醒

在这个阶段里，也就是第 2 部分，你知道了你能选择你想要生活的世界，你决定去创造你想要经历的那个世界。生命由你来选择。在这里，你开始练习意识工程，你了解到你的现实认知和行为方式，是决定你是谁的两大组成部分。你学会了替换掉不好的现实认知，并重新换上能赋予你能量的。你发现可以在你的生命中加上过滤器，只让普世规则中积极的那一部分进入。在此过程中，你开始意识到你可以去追寻远大的梦想并将其实现，你自己的快乐由你自己掌握。这些觉醒为你打开第三阶段的大门。

阶段三：将自己重新编码

在这个阶段，你走进了你的内在世界，并学到了如何保持当下快乐和未来愿景的平衡，让你以更有效的方式向目标迈进。你开始发现你的梦想和抱负轻轻松松地向你奔来。你意识到能通过改变你的内在世界，来影响你的外在世界。你将你的内在发动机拧开，并进入到我们称作"改造现实世界"的状态，你发现机会俯拾即是。因此，你进入到了第四阶段。

阶段四：迈向卓越

在这个阶段，你的内心是安全和自信的，无懈可击。你实际上正改变着你的周遭，并为其他人的成长和进化带来积极的影响。你意识到你的存在有着更高的目的，你的角色远不止于此。你听到了来自远方的召唤，感受到了一种使命感、一种推动力，让你为一个更好的世界而出发。你知道天将降大任于斯人也，生命借由你而存在。

因此，随着你不断进化升级，你和生命的关系也发生着改变：

首先，生命不由你控制。

然后，生命由你来选择。

接着，生命因为你而存在。

再然后，生命借由你而存在。

在第四阶段，生命借由你而存在，是因为你将你所获得的，又回报给生命。你成了一项更高使命的"仆人"，这项使命是我们所说的"天命"。

知天命

就像电脑游戏里的角色，或是古代传说里的英雄，你踏上了一条不断学习、积攒经验和修炼技能的征途。时势造英雄，你已经出发。

不过还有一件事忘记了，在每一个传说里，那个受万人敬仰并经得起历史检验的英雄，都有着自己的使命。本章便是帮助找到你的使命所在。

不要误会：你可以继续停留在第三阶段，成为一个卓有成就的人。但是随着你不断改造现实世界，使用你的内在力量，你会开始想是否我可以把这些工具和这股力量用到更多的地方，是否还有更多的力量尚待挖掘和发现。

第四阶段——未来的征途，等待着那些充满好奇而热爱冒险的灵魂。

卓越之人的共同之处

是什么让我在本书中所提到的那些人甘愿冒着巨大的风险，马不停蹄地大步向前？

他们志存高远，为着一个更大的目标而四处奔走，所以传统的教条和工作的限制无法将他们困住。当我想起那些所认识的卓越之人时，我便想起他们心中所共有的那股积极能量。他们将那股积极能量注入自己对愿景的追求和热爱当中，阿里安娜·赫芬顿运作着一个媒体帝国，但她依然追求着"帮助人们过上健康而有意义的人生"的使命。X大奖基金会创始人彼得·戴曼迪斯通过物质奖励鼓励世界级的大佬们帮助解决世界级的问题。狄恩·卡门想要把科学和技术优先带给孩子们，让他们将来成为能改变世界的科学家。埃隆·马斯克正为着让人类实现星际旅行而殚精竭虑。

在我数年的个人成长研究以及和许多行动家和思想家的对话中，我学到了一点：

> 世界上最卓越之人没有职业。他们所有的，是使命。

我们如何定义使命？很简单。使命是你对于人类的贡献所在。使命让我们给子孙后代留下一个更好的星球，它不必是开创一项新的大事业，或是研发出能改变世界的科技。它可以是你正在创作的一本书，可以是养育出与众不同的孩子，可以是为和你有着共同的改变世界目标的公司而效劳。

秘诀在于，当你心中怀揣着这份使命感时，工作的概念便消失不在。你所做的事情让你热血沸腾，激动万分；这是一种热爱，这是你之于这个星球的意义所在。你或许不拿报酬，也愿意投身其中。我曾经看见有人问理查德·布兰森他是如何保持工作和生活的平衡，他的回答是，"工作？生活？这是同一件事儿。我把它叫作'活着'"。当你的工作变成一种使命时，旧有的对于工作的现实认知便化成一缕青烟飘走。

耶鲁大学的组织行为学助理教授瑞斯尼斯基，研究发现一种分类系统能帮助你识别自己对于工作的倾向，并实现更高的工作满意度。

她将工作以三种方式来定义：

1. 工作是一种**谋生手段**，你对此毫无感觉。
2. 工作是一条通向**成长和成就**的道路，有着清晰的上升阶梯。
3. 工作是你的**使命**所在，是你生活的重要组成部分。为着使命而奋斗的人们，一般来讲更满意于他们所做的事情。

这就是我们所谈到的使命。

Mindvalley是我的使命。这项使命是实现整个世界的觉醒，让数十亿的人以一种更进步的方式工作和生活，身心合一。借由Mindvalley，我邀请他人通过个人成长和学习，一同走向迈向卓越的旅程。成长和学习也是我自己的个人价值观之一。我发现，教育是一种知识、丰富和力量的传递，是一种美丽而迷人的爱的表达。这项使命让我的工作充满着深深的意义感和大量的快乐。即使是在创业初期，我只身一人在纽约城狭小的公寓里敲打着键盘，我也是快乐的。因为我为我能够将冥想推广给更多人，而感到满足。显而易见，我如今的生活已经大不一样。金钱的回报会有边际，但是追寻使命的回报无边无际。

美丽的自我破坏

如果你正在思考和练习本书后面几章所分享的内容，那么你已经踏上了寻找使命的旅程。

寻找使命，从确定你的真正目标开始。你在第8章做了三个最重要的问题练习，并且有了自己在经历、成长和贡献三个领域里的目标清单，你便已经做好了准备，迎接奇迹的发生。你也许不知道你究竟将如何达到你的目的地，或者甚至是连目的地长什么样子也不敢断言，不过人类大脑有一个奇特的地方：一旦你选择了要去哪儿，通常对的机会、对的事情和对的人便会出现在你的生命中，将你带到那儿去。有人说这是运气，我倒觉得，运气是为我们所控制的。当你追寻着对的目标，并保证你当下处于快乐的状态之中，运气便会和你不期而遇。

实际上，通常似乎是你的使命找到了你，而不是你找到了你的使命。

路途也许不会一帆风顺，你可能依然保留着原有的胡扯规则、现实认知和行为方式，等着你自己或他人去挑战和拆除掉。你或许会经历坎坷、暂停、开始和减速，但这都是整个过程的一部分。那些坎坷通常是为了让你转弯、向你的使命方向前进的指示牌，这条重新将自己编码的过程不总是平稳和顺利的。记住：

我把这个叫作美丽的自我破坏。信任，是打开它的钥匙。我曾经问过阿里安娜·赫芬顿一个问题，这个问题我同样也问过埃隆·马斯克，我问："是什么造就了你阿里安娜？如果我们将你的核心部分提取出来，那会是什么？"

有时候，你必须破坏掉你生命的某个部分，才能让下一个美丽的东西进入。

阿里安娜回答道：

"我会说是，信任。我对人生有着不可思议的信任。我最喜欢的一句话，可能有点小出入，是"就像所有事情都是按照你的口味来的一样地生活着"。我深深相信无论生命中出现什么，最伤心的一次分手也好，最大的一次失望也罢，都是当时的我恰好所需要的，以帮我完成下一阶段个人的成长和进化。之前我对此有点感觉，现在我对此深信不疑。我的确能看见每一个黑夜里所藏着的黎明，每一次痛苦背后所等待着的蜕变。"

那些把你往你的使命推动的力量是有名字的。

见性与开悟

坐落于洛杉矶的"大爱国际灵性中心"（Agape International Spiritual Center）创始人，也是我的朋友迈克尔·贝克威斯博士，谈到过生命成长有两种途径：见性和开悟。见性是在痛苦中成长，开悟是在觉醒中成长。见性是在苦难重重的一生中一步步成长。一段关系破裂了，但是你能从中有所收获，你的心也变得更加坚强。你创业失败了，但是你可以用血和泪的教训从头再来。你丢掉了你的工作，但是你更加了解自己，知道自己是谁，而不止于失去一份工作。你生病了，但是你发现了一笔之前没注意到的个人准备金。见性，是宇宙对你严厉的爱。

总之：你所经历的痛苦和困难，终将成为你的财富，教会你不一样的思考、感受和存在方式。你甚至都不会注意到这些改变的发生，就像地壳移动一样，看上去悄然无声，但随着时间的推移，世界的模样不再相同。

到时候，你也许会把这些痛苦的事情看作一股积极的力量，推着你走，去挑战那些你没有意识到但一直阻碍着你的现实认知和行为方式。这便是所谓的"塞翁失马，焉知非福"。贝克威斯博士把见性看成是我们的灵魂正在呼唤我们成长。

见性，是我从蜜月回来后工资被砍了一半。它逼着我开始了自己的副业，最后成了 Mindvalley。

见性，是我失去了美国的签证。它让我搬去了马来西亚，感觉"英雄无用武之地"。

见性，是 Mindvalley 在 2008 年 5 月将近破产，让我不得不去寻找新的方法和点子，最后为公司带来营业额 400% 的增长。

相反，贝克威斯博士把开悟定义成突然降临在脑中的洞悉，并将你永远改变。开悟随时随地都有可能发生，无论你是外出和大自然相处，还是听着音乐或欣赏着艺术作品，或是和心爱的人手牵着手，或是静静地思考，又或是处于一种个人成长的情景当中，比如和治疗师、导师或疗愈者待在一块儿。一旦你开悟，过去让你恐惧、害怕或阻碍着你的事物便湮没于尘埃。你的生命从此不同，并在新的高度上继续生长。如果你把你的成长看作生命质量曲线，放进图表里，开悟会是曲线突然上扬，见性则是先下跌，在你从中恢复过来并学到新的东西之后，再上扬。

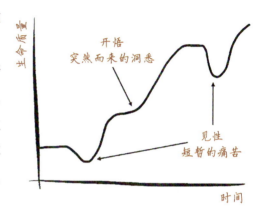

所以，你看，这里有一种新的方式来认知生命中的坎坷不顺。所谓的问题，可能只不过是在生命旅途中，友好的宇宙在我们耳边小声提醒着："嘿！你走错路了。换个角度来看看。"

贝克威斯博士曾经在一次对话中和我分享过一小段充满智慧的话语：

每一个坎坷背后，都藏着一个问题想要问询。

每一个问题背后，都藏着一个答案想要浮现。

每一个答案背后，都藏着一个行动想要发生。

每一个行动背后，都藏着一个生命状态想要诞生。

这个新的生命状态便是你的使命。没人知道这份使命将会如何影响这个世界和你的周围。

你就是被选中的人

是你选择了你的使命，还是你的使命选择了你？有一种现实认知是说如果宇宙给你打了电话过来，你要做的事情就是接电话。

迈向卓越

第 4 部分

我的朋友埃米莉·弗莱彻，是位活泼迷人的冥想引导师，曾演讲于哈佛商学院和谷歌。她和我分享过关于流行音乐传奇迈克尔·杰克逊和宇宙之间的故事，其中她以"自然"指代"宇宙"：

> 如果你看纪录片《迈克尔·杰克逊：就是这样》(*Michael Jackson's This Is It*)，他们采访了他的经纪人。他说迈克尔总是习惯在凌晨 3 点到 5 点的时候给他打电话，然后喊道："萤火虫！我们需要萤火虫。"经纪人无奈回应："迈克尔，现在是凌晨 4 点。我们明天再聊。"迈克尔会坚持说："不，我需要你把它写下来。我需要你起床把它写下来。萤火虫。"经纪人不理解："为什么？我们明天再说。"迈克尔则坚持："如果我们不这样做，那就要被普林斯抢去了。"
>
> 我喜欢这则故事。因为对我来说，这就好像在说迈克尔知道如果他不采取行动，不听从创造的灵感，那么自然便会找其他人去了。就好像是说自然一直在寻找着创造的机会，而它需要那些清醒的人愿意举起手，来抓住这些机会，让创造发生。而且它并不在意是谁举起了手，就好像是说："好吧，如果你不做，那么我就找别人去了。"这也是为什么我们创造得越多，我们得到自然的支持和帮助也就越多。你可以把自然当作一家公司的 CEO，而我们全部都是员工。换个角度想想，如果你是一家公司的 CEO，哪一种员工你会给予奖赏和升职？哪一种员工你会给予更多重要的工作让他去做？当然是毫不犹豫做事情的人，或每天都能蹦出新的创意和点子并加以执行的人。

埃米莉说的是，当一项使命需要被实现时，宇宙（或者她口中的，自然）会敲你的门，并穿上灵感的外衣来到你的脑海里。但是做不做，决定权在你。如果你不做，宇宙便去敲下一个人的门。宇宙并不在乎是谁来改变世界，它仅仅想要有个人能抓住机会，将其实践和表达。

在伊丽莎白·吉尔伯特（Elizabeth Gilbert）的书《大魔法：超越恐惧的创意生灵》（*Big Magic: Creative Living beyond Fear*）之中，她谈到了相似的现象。吉尔伯特讲到她在某天蹦出了某个非常具体的新书创意，但接着，她生活中的事情把她的注意力给分散了，而没能将想法落地。尔后，她发现了一本一模一样的书从其他作者的手中诞生。那个人选择给创意开了门，并将其实践。吉尔伯特写道，"我相信灵感一直在尽其最大的努力试图和你共事，但是如果你没有准备好或是没有时间，那么它就会选择离开你，去寻找其他的人类合作者。"

这种现象甚至还有名字，它叫作重复发现（multiple discovery）。吉尔伯特把它描述为：

> 灵感勒紧了裤腰带，拨通了号码，同时间给两个人打起了电话。如果它想，灵感是可以这样做的。实际上，灵感什么事情都可以做，它的行为不受任何人的限制和要求。就我自己而言，我们非常幸运灵感愿意打电话给我们，用不着太多的解释。所以说，如果宇宙正给我们打着电话，那我们最好还是老老实实把电话给接了。

这个洞悉让我会心一笑。如果宇宙真的在打着电话，并且选择了你去完成一项新的创造。无论那项创造是什么，这意味着就像每一部电影或电脑游戏里的英雄一样，你便是那个被选中的人，某项特定的使命等待着你的出发。

是不是很有意思？

上帝粒子理论

就在你升级到第四阶段时,有几个独特和美丽的新现实认知便向你打开。我发现下面的现实认知,在本书中我采访过的每一个人身上都有所体现。每一个现实认知都是一种独特的生活方式,并彼此环环相扣。

1. 卓越之人可以感觉到和所有生命独特的联结和亲密。
2. 卓越之人可以从这份联结之中获得灵感和直觉性洞悉。
3. 卓越之人允许直觉带着他们向着他们的目标和愿景前进。
4. 就在卓越之人服务于这项使命时,宇宙会赐予他们好运。

这种幸运的感受继续加强他们和万事万物的联结感。这是一种良性循环,因为环环相扣。这种被好运照顾的感觉,随着你将这样的好运分享给他人时,会让你感受到和世界更大的联结感。用图解释的话,会长这个样子:

所有的这些,我把它叫作"上帝粒子理论"。如果上帝、宇宙、万物之主之类的神确实存在的话(无论我们怎么称呼),我相信它和所有的生命紧紧相连。

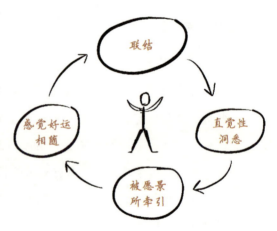

如果真是这样,那么我们便是这个"上帝"的一部分,我把这个部分叫作"上帝粒子"。无论你我,都是经历着生命之旅的上帝粒子。

无论你把这个理论解释为我们是上帝的超自然本质,还是说我们是由星云组成的,这是你的选择。不管什么,这是一种能赋予你能量的现实认知。还记得现实认知不必要是科学上被证实的吗?你可以把它当作一种能赋予你能量的哲学认知。

上帝粒子理论对我来说非常有趣，因为它暗示着：

第一，万事万物，相互联结，我们作为一个整体而存在着。

第二，如果我们是一个整体，那么我们便能通过这种联结而与直觉和灵感接通。

第三，有一种更高的集体意识通过新的愿景，寻求着更好的自我表达，它会召唤上帝粒子来助它一臂之力。这些上帝粒子把这种召唤叫作他们的"天命"。

最后，如果我们是上帝的一部分，那么我们本身便被赋予了某些特定的超能力，真是不可思议。

也许这就是为什么在我们追寻我们的使命时，有时候似乎能改造现实世界的原因了。

当然，所有的这些仅仅是理论。这不仅仅是我自己所拥有的一种灵性现实认知，这也来源于我对那些卓越之人的观察。他们也有着这样的现实认知，你也可以做到。你只需要跳出原有的普世规则所限定的思维模式，换一个角度来思考即可。

让我们来看一看上帝粒子理论是如何在你生命的第四阶段起作用的。

1. 你可以感受到和万事万物深刻的联结

在这个阶段，你开始感受到和整个世界的深刻联结。地球上的每一个人，似乎都是你的家人。肯·威尔伯把这种现象描述成"世界中心意识"。过去将人类分隔开来的种种概念，譬如国家、文化和宗教，变得不再重要。我们相似的地方，远比不同的地方要多。在第四阶段，你既能保持着对自己国家的热爱、对自己宗教的感激，又能平等地尊重其他国家、宗教和文化。有趣的是，我所遇到的绝大多数卓越之人都是人文主义者。他们并不追随世界上的任何一种宗教，而是对整个人类报以尊重和感激。

值得注意的是，历史上同样也有许多人抱有崇高的使命感，不过他们并没有促进人类的进步，反而发动了战争，推进了失败的社会实验，或是煽动危险的思想（比如宗教里的原教旨主义）。这些人有一个共同点，即他们把特定的思想或群体，看得比其他的更优等。认为自己的存在是合理的，其他人的存在是需要被消灭的。这样的想法必将走向彼此分隔和对立的深渊。这不是真正的联结，真正的联结不分国界、肤色，没有分别之心。真正的卓越者，对整个人类持着尊重的态度。

2. 你与直觉相连

在这个阶段，你的直觉格外强烈。你感觉自己会被各种人或机会吸引过去，就像有导航一样。通常在你醒来之后，你的大脑里冒出各种神奇的想法。这些直觉性的冲动似乎在将你往对的机会和对的想法上引导。

我同意贝克威斯博士的想法，说当我们在这种状态之下时，使命并不是从我们这里产生，而是借由我们而发生。我相信直觉，便是使命借由我们而发生的信号器，提醒着我们怎么走。这便是快乐自律如此重要的原因。因为快乐的状态是直觉得以生长的土壤，当我们被恐惧或压力所控制时，我们便关闭了直觉的大门。

感谢直觉，在你设定了目标之后，你不需要知道如何才能实现他们。太多人被实际性的目标所困，因为他们想要控制目标实现的方式。你不必担心如何做、怎么做，而是从是什么和为什么开始。当你知道你想要给这个世界带来的东西是什么，并明确你想要它或选择它的原因的时候，那么，请追寻你的直觉，让它带领你向前去。

3. 你追寻着远方

在这个阶段，你的目标和你的更高使命融为一体。使命赐予我们前进的力量，没有了使命，工作只是一个单薄的词组。有了使命，工作的概念便消失不再。就像许多为使命而工作的人一样，他们的工作不再是工作或是某种令人生厌的事情，而成了他们生命的一部分。

此时，传统的目标并不能让你热血沸腾。相反，你被一种服务于更高愿景的力量所牵引着。贝克威斯博士和我分享过关于"有目的地活着"的想法：

> 这是一种更高级的存在形式。你依然有目标要实现，有任务要完成，但是你不会被它们所控制和裹挟。当你以一种以目标为导向的模式而存在时，你被推着走；你需要动力。但是当你知道自己为什么而活，有目的地活着时，现在你是被一个愿景拉着走。

在这个阶段，你每天醒来，兴高采烈地去工作。也许是你的正职，也许是志愿者项目，又或许是你即将起飞的事业。无论那是什么，你服务于世界的使命感十分强烈，它驱动着你，像是在你的屁股后点了火，让你动起来。在旧的目标范式下，你需要动力去追逐你的目标。整个励志产业便是为此而生。但是只有在追逐着某个手段和胡扯规则时，你才需要动力。当你追寻着真正的目标，尤其是和你的使命相关时，你不再需要被鼓励，和被"推着走"。相反，你是被一个更高的愿景所吸引，被"拉着走"。

4. 好运一路相随

在这个阶段，巧合、共时性和好运似乎在支持着你前进。因此，你更会表现出积极向上、热情饱满、乐观正面的人生观和世界观。

当你追逐的目标和你的使命相违背时,你会经常遭遇障碍和困难。这就是我们有时会失败的缘故。不过请把这些障碍当作见性时刻,就像有人礼貌地将你的眼罩给摘了下来,让你看清你这一生真正想要做的事情是什么。

失败,通常只不过是伪装后的好运,是你化蝶而飞、浴火重生的必经之路。当你终于走上了正轨,走向生命原本选择你去往的方向,就像无数电影大片里的那个被选中的人一样,你开始发现自己拥有着无尽的还未开启的能量,助你斩妖除魔。有的人把这叫作幸运。你比任何人都更清楚,你只不过是借助了上帝的力量,在自己的领域里痛快地玩着。

这把我们带到了第十定律。

> **第十定律:踏上未来征途。**
>
> 卓越之人被一种使命或天命所驱动,想要为世界创造积极的改变。这种驱动力引领他们不断向前,做出有意义的贡献,并享受意义非凡的人生之旅。

让我们开始吧

在探寻你自己的使命之前,我必须提醒你,当下的普世规则中可能有两个潜在的胡扯规则会阻碍你。

胡扯规则之一:我必须创业

当我进行演讲时,尤其是给大学生做演讲时,我震惊于有多少人认为"如果想要在人生中做出有意义的贡献,他们就必须创业"。当我告诉他们

"你不一定要创业"时，我听见他们全都松了一口气。最近几年，有一种胡扯规则甚嚣尘上，说最成功的人都是创业家，而在公司里做小职员就像螺丝钉一样看不见价值。不一定。我以前会鼓励大家创业，但是在我注意到我在 Mindvalley 里所雇用到的最厉害的人是之前的创业者时，我开始质疑这个胡扯规则。有时候，他们之所以放弃创业，可能是因为他们最开始选择创业纯粹是为了谋生，而忽略了使命。有的人本也做着以教育为使命的事业，但是意识到加入一个更大、更成熟的组织里反而能走得更快、做得更多，所以选择加入我们。当今世界上，大多数重要的人并不是创业家。许多优秀的科学家、工程师和创新者也正影响和改变着世界，但是他们同样在使命驱动型、运营良好的大型组织里做着小职员。

创业是一种手段，而非目标。真正的目标通常是过一种有意义的人生，体验金钱和自由所带来的人生经历。你在对的公司工作，同样可以获得那些东西。在迈向使命的征途里，卓越之人关注于脚下所踩的每一步；与其想着我必须创业才能实现我的使命，不若把你的使命当作真正的目标，让它成为征途里的启明星，引你前进。从你的使命开始，然后再决定是要创业，还是加入一支已存在的团队，投资一家公司，或者为某个人工作。不要陷于创业或就业的纠结之中。总之：创业本身并不是目标，它只是在追寻对的目标时的副产品。

胡扯规则之二：工作迷思

让我们聊一聊你的工作。你的工作真的适合你？很多时候，人们追求某项工作仅仅是为了金钱和头衔。两者对于你的长期幸福和快乐而言，都是非常危险的。任何人都有可能被这种情况所困，无论是那些因为大学所学专业是这个所以追求对应的职业道路的人，还是那些被父母说服去做某项工作的人，又或是因为普世规则里认为某一种职业非常光鲜前景不错所以选择去做的人，他们选择的原因并不是自己真正认可其中的意义所在。在那种不断将你掏空的工作中做上几年或好几十年，无异于挖坑给自己跳，而且还不愿意出来。

我知道有时候，你别无选择，你得谋生存，就像我当时接受了电话销售的工作一样。如果你正处于这种情况，非常重要的是你要在工作之余，继续追寻你所相信的使命。就我而言，我当时以教冥想为副业，因为我感觉这件事能带来我的工作所给不到的意义感。

反过来说，如果你不采取行动，依然在原本折磨人的工作中年复一年日复一日地熬，那你的工作表现也不会非常好。如果你能找到和你的使命相近的公司，那么你的职业将会得到不可思议的回报。但前提是，你得找到对的公司。如果你正在或是将要在公司里工作，那么下面有些点值得注意一下：

你所在的公司是"人类+"，还是"人类-"？

我相信这两者会对你的长期职业快乐程度造成关键性影响。我对这两者的定义如下。

"人类-"型公司的存在，通常仅仅是为了牟利。这本身无可厚非，但是这并不能激发你真正的热情。比如那些并未给世界带来积极影响的公司，或者甚至是带来消极影响的企业。譬如贩卖垃圾食品，譬如参与到不可持续的行业中（像是化石燃料）。

还有一种"人类-"型公司的存在，通常是为了满足人造的需求。这类公司销售着我们实际上并不需要的产品，或是可能具有潜在危险的商品，但是它们却被包装成似乎每个人都需要的必需品。你知道我在说什么，我们在电视广告上每天都可以看到。

"人类+"型公司，与之相反，它们推动着人类的进步和发展。比如说那些关注清洁能源和可持续能源的公司、鼓励健康饮食的公司，和通过新的方式改善星球环境、造福众生的公司。理想状态下，这些公司是我们应该工作的地方，是社会应该支持的对象，是创业者应该考虑的方向。

你也可以继续为传统行业效劳，比如说航空、保险和电力等。这些公司也可能有着令人激动的愿景和使命。举个例子，西南航空。这是一个传统行业，但是他们通过彻底革新飞行时的客户服务和客户体验，来为这个世界做出应有的贡献。你可以创业，可以就业，可以追求工作之外的目标，也可以投身于子女的抚养，还可以尽情挥洒你的创意。只有一件事你需要记得：

> 你不必拯救全世界，只要别给下一代人添乱，则为大善。

探索你的天命

如何找到你自己的使命？

这个技巧来源于我的朋友马丁·鲁特，他是一名作家、演说家兼网站 projectheavenonearth.com 的创始人。马丁建议你询问自己这三个问题，以帮助你快速找到你的使命。我已经和很多人测试过这个方法，我惊讶于他们竟能这么快地找到属于自己的答案。

第一个问题：回想某一次你感觉像是身处天堂的经历。那时发生了什么？

第二个问题：想象你有一个魔法棒，你可以用它在地球上变出一个天堂。对你来说，那个天堂长什么样子？

最后一个问题：在接下来的 24 小时里，有什么简单易行、具体可操作的事是你可以做的，从而让这个天堂在地球上成真？

在你问自己这些问题的过程中，有什么字眼或词组从脑海中蹦出来？你看到了什么样的画面？把它们全部写下来或画下来。你也可以自言自语、并录音，如果那样能让你的想法流动起来的话。

在你进行这项练习时，请留意你的情绪反应。请记得，真正的目标大部分和情绪相连。你的身体是否有反应？你感觉到你的心打开了或是跳得更快吗？你的呼吸是加快了还是更深了？你的喘息之中是否带着兴奋？这些便是闪烁着的信号灯，告诉你，你找到了对的方向。史蒂夫·乔布斯曾说：

"有勇气去追寻你的心和直觉。在某种程度上，它们已经知道了你真正想成为的是什么。其他的一切都是次要的。"

送给与众不同的你

某年某月的某一天，你也许决定冒险一试。记住，成功也许不会来得那么快，那么容易。有时候，你感觉许多人的成功就像中了奖似的。但这并不是真的。

我曾和我的朋友彼得·戴曼迪斯有过一段交流。彼得是硅谷的重量级人物，他是奇点大学和X大奖基金会的创始人，被冠以"当今世界上最具远见的领导人之一"的称号。彼得所合作的人包括拉里·佩奇（Larry Page）和埃隆·马斯克（X大奖基金会董事成员之一）。我问他，是什么让这些人包括他自己，变得如此的成功。彼得如此说道：

"我会说是坚持不懈，是触及内心的激情，是我想在这个星球上完成的使命，是那些让我茶饭不思、夜不能寐、想着便激动万分的事情。对于其他人，也许是某些他们想要去解决的不正义和歧视。我知道很多时候，越是远方，越要风雨兼程。除非你有着那种情绪作为向导，那种激情，不然很容易放弃。有时候人们之所以失败，并不是因为困难真的有多大，而是他们没再坚持下去。"

注意彼得提到了两点。未来的征途并不容易，但是如果你拥有着某种激情，让你不停地走下去，你便有了一项优势。这便是又一个原因，为什么找到你自己的某个使命——某个将你内心和灵魂中的火焰点燃的东西，是如此重要了。

彼得还告诉我："如果我真有某种超能力，那一定是执着。X 大奖基金会花了我 10 年才走上了正轨。"埃隆·马斯克也说过类似的话："我对痛苦有着很高的忍耐力。"

如果你回顾我的故事，你也会注意到类似的模式。我所经历的失败、挫折，所经历的成功几乎一样地可观，我做过很多份工作仅仅是为了维持生活。我的职业之旅也同样风雨交加，直到某一刻，才守得云开见月明。

下面是我在不同年龄段所从事的工作。你会发现我的职业道路和一般人并没有什么不同。我希望这份清单能提醒到你，如果你此时此刻正处于低谷期，那也许仅仅是黎明前的黑夜，未来的蜕变和新生谁也无法预料。

- 电视台商业演员——18 岁
- 舞台演员——19 岁
- 洗碗工——19 岁
- 舞台工作人员——19 岁
- 网页设计师——20 岁
- 剧团导演——21 岁
- Java 程序员——21 岁
- 新闻摄影记者——21 岁
- 微软故障测试员——22 岁
- 某非营利性机构（AIESEC）副主席——23 岁
- 失业——24 岁

迈向卓越
第 4 部分

- B2B 销售人员——25 岁
- 再次失业——25 岁
- 电话销售——25 岁
- 销售主管——26 岁
- 冥想引导师——27 岁
- 小型网站创始人——28 岁
- 创业公司创始人——29 岁
- Mindvalley CEO——35 岁

这是一场长途跋涉。前路未知,但是不怕辛苦;没有光环,所以脚踏实地。坚持住,也请你保证自己有能力应付得住各种起起落落,让你的使命牵引着你坚定地走下去。

就在我们即将道别的时候,我希望你能看见美丽的旅程正等待着你。也许和我一样,你小时候也被问过:"你长大后想要做什么?"这确定无疑会将我们的生命往胡扯规则里引去。我相信,在未来我们不会那样问,而是问:"在你的有生之年,你想要在这颗星球上留下什么样的积极印记?"请记得,你现在就可以问自己这个问题,永远不会太晚。

会有不利的一面吗?你也许问。

会。有人可能会说你疯了。他们会为你担忧。他们想要说服你,别那样做。

但也会有人愿意出来帮你,和你一起"疯",一起玩。没有什么人能比浑身散发着生命力和激情,追寻着他们使命的人更为迷人,他们不仅有着充满意义感的目标和愿景,而且在每一个当下的时刻保持着快乐和喜悦。散发着这种能量的人是带有磁力的,因为他们不仅自己过着充满朝气和有意义的人生,而且想要邀请别人一起来。当你处于这种状态时,你将会吸引有着相同追求的人们。你们一同努力,将会为我们的下一代创造一个更好的世界。

> 真正的伟大,不在于对职业的追逐,而在于对天命的追寻。

充满信任地迈出第一步

我想要分享拿破仑·希尔(Napoleon Hill)在《思考致富》(*Think and Grow Rich*)之中的智慧。如果你不确定自己要做什么,踏出第一步就好,就像婴儿般的一小步。当宇宙召唤着你时,即使你不知道通往成功的确切路径,也不妨勇敢地踏出第一小步。

第一小步展现出了你的意图,表明你正聚精会神地注意着前进的指令。你也许并不知道如何以最优路径去到你本该去的地方,不过你已经踏上了征途,并继续前进着。你也许踩进了巨大的未知空间,管他呢,反正你会按着指令继续向前。

接着有些东西会从中而生,你会接收到一些反馈,并继续下一步。如果走错了方向,别怕,会有见性或直觉在那里引导着你。接着你又走了一步,说不定会把你引到能帮助你的贵人,或是你以前没注意到的资源。

一小步一小步地走,只要你感觉对就好。我所走过的第一小步,就是注册了一家叫作Mindvalley的公司。我有了一张纸,表明我拥有了某间有限责任公司。我那时候什么也没有,只有那一张纸,让我得以围绕着一间至少有名字的公司,创造一个愿景。这一小步的影响远比你想象中要大,这些动作将你的意图传递给了宇宙:"我听到你了,而且一清二楚。亲爱的,请继续!请告诉我,你需要完成什么事情,让我来完成它。"

所以,不必担心如何去到你想去的地方,只要每次踏出那一小步就好。

1. 跳出普世规则。
2. 放下胡扯规则。

3. 带上意识工程的工具箱。

4. 选择能赋予你能量的现实认知。

5. 别忘记将你的行为方式放进行囊。

6. 意志坚定地改造现实世界。

7. 以快乐自律。

8. 把你的目标紧紧地握在手中。

9. 修炼强大内心,变得无懈可击。

10. 打开那扇门,步伐坚定地踏上属于你的未来征途。

世界正迫不及待地想要看你接下来会做什么。

附录 A

人生工具箱一

练习超越：将本书所有精华融入一项有力的个人练习

> 东西方的边界正逐渐消融。东方灵性智慧并非东方所特有，西方科学知识也不再为西方所独有。所有的这些，都是人类意识及其可能的状态。我鼓励你对某些灵性观点保有自己的独立思考，而非全盘接受过去的超自然思想。彼时人们为了启蒙无知和打破隔离，才创造出如此种种。
>
> ——山姆·哈里斯（SAM HARRIS），《觉醒》（*WAKING UP*）

什么是超越

超越是一种打破物理世界的限制从而拥抱更高层次未知世界的行为。在本书，你学到了不少超越练习，诸如感恩和原谅。在这里，我们将学习一种更加深入且更结构化的练习方式，将你在书中所学融合成一种日常习惯。

通常有人会问我："维申，你是如何把这些思维工具融入你的日常生活中呢？你每日的练习是什么呢？"在这个部分，我将会分享一个我自己定制化使用的超越练习。我把它叫作"六阶段"。

六阶段整合了本书最关键的思维工具，形成了一项 15～20 分钟的日常练习，将为你的生命状态带来积极有力的改变。你可以把它当作一项冥想练习，但是它本身远不止于此。

附录 A 人生工具箱一

六阶段根植于科学和个人研究。它不仅能带来更多快乐，减轻压力，还能让你的身心更为健康，并助力你梦想的实现。有好几个专业球队和企业家目前都正在使用这项工具，作为他们的思维训练工具。

在过去 10 年，我创建了不少世界顶尖的冥想项目和软件，成了这个星球上最积极的冥想推广者之一。我在纽约和伦敦教授相关课程，并发布了好几个冥想品牌，包括 OmHarmonics 和我自己的冥想类软件 Omvana。Omvana 成了苹果商店里最受欢迎的健康和塑身类软件，在 30 多个国家排名第一。我之所以和你分享这些，是想让你知道我并不是冥想的业余爱好者。我用了 10 年的时间对冥想练习进行研究和创新。不过，按照传统冥想的定义来看，六阶段并不在其中。这一点，已多次谈及。那些对冥想感到厌倦的人，或是没办法冥想的人，却做得好六阶段练习。还有许多传统冥想练习者也换到了六阶段，因为他们看到自己不仅能获得和冥想一样的健康效果，而且还能额外得到对自己在工作和生活中的极大帮助。这也是我之所以把它叫作超越练习，而非冥想练习的原因。

我将要和你分享的，是我目前所发现的最好的超越练习法。我会进行详细的介绍，并和你分享具体的练习方式。

这项练习将帮助你：

- 让快乐成为你生活的一种自律，并提升你一整天的快乐水平。
- 聚焦你的终极目标和实现目标的具体步骤。
- 通过清除焦虑和练习原谅来修炼强大的内心。
- 连通你的直觉和内心的声音，找到通向你使命的最佳路径，并摆脱胡扯规则的影响。在六阶段中，各种灵感、点子和洞悉会成为你的常客。
- 获得更强的抵抗力，以应对未来征途中不可避免的挫折。

这还只是开始，你同样会得到冥想练习的种种益处。关于冥想的好处不胜枚举，我在这里将不再赘述。就在本书出版之时，关于冥想的好处的研究便已超过了 1400 项。

冥想的问题所在

冥想的种类成千上万，不过它们大都可以归到两个种类里：僧侣式冥想和现代式冥想。

所有的冥想都好处多多，不过除非你是一名僧人，否则你不会想要像僧人一样冥想。那会是一种缓慢而效率不高的过程。许多冥想练习依然被教条所绑架着，经历了上千年却从未变过。

纽约市 Ziva 冥想学院创始人埃米莉·弗莱彻表示，关于冥想的最大误解在于，冥想的目的就是让你的大脑停止思考。让你的大脑停止思考，简直比登天还难。正如埃米莉所说，这样的认识通常便是"冥想之旅的起点，和终点"了。她继续说道：

> "不过如果我们换个角度想，冥想的目的在于更好地生活，而不是更擅长冥想，并且承认我们没办法给大脑一个能让其停止思考的指令，那么冥想才会真正回归初心，充满乐趣和享受。试着给你的大脑一个指令说停止思考，就如同给你的心脏一个指令说停止跳动一样难以实现。"

六阶段结合了多种不同工具以带给你最优的冥想体验，你可以根据自己的日程表和实际需求进行个性化的调整。它立足于科学，让你将本书的所有精华融合到每天仅仅 15 分钟的练习之中。而且，你不会被要求去让你的大脑停止思考。

介绍六阶段

六阶段是一项帮助你以火箭式的速度迈向卓越之境的思维黑客工具。

每一个阶段都是用来巩固和加强六大核心技能中的一个。前三个阶段助力于当下的快乐,后三个阶段助力于未来的愿景。

> 1. 怜悯
> 2. 感恩   } 当下的快乐
> 3. 原谅
> 4. 未来梦想
> 5. 完美一天   } 未来的愿景
> 6. 更高力量

我们之所以选取这六个阶段的原因如下:

1. 怜悯。我相信所有人在他们的生命中都需要爱和怜悯。这个阶段帮助你以温柔之心对人、对己,让自己沉浸于爱。

2. 感恩。我们也许有着许多目标,但是重要的是感恩当下,感恩我们一路走到的现在。感恩,与快乐及幸福水平有着极高的关联性。

3. 原谅。以平和之心待人处事,不埋怨、不愤怒,这是保持快乐自律的最佳方式之一。因为原谅,所以无懈可击。

4. 未来梦想。正如你在第 7 章和第 8 章所学到的一样,当你对未来的生活有所希望时,便有了前进的动力和勇气。既然选择了远方,便只顾风雨兼程。

5. 完美一天。这个阶段会给你一种对每一天生活的掌控感,它将你的未来梦想转化成了一步步的行动。

6. 更高力量。我们需要感觉到被支持、被照顾,无论我们即将出发去哪儿,一切都会没问题。这个阶段让你和更高的力量连通,感觉内心更为踏实有力。

我们先一个阶段一个阶段地看和回顾,让你更加熟悉。然后我们再来仔细地看每个阶段将要如何操作。

在本章的末尾,我还附赠一份福利——一个软件和一段视频,你什么时候都可以去用、去看。在这份福利的帮助下,你会更轻松地掌握六阶段。

阶段一：怜悯

这个阶段是将你和天地众生相联结，以温柔和爱对待世界。在这个阶段，从你的家人朋友开始，一直到全世界的生灵，你将表达你对他们的爱与怜悯。

怜悯练习能让你成为一个更美的人类，有些研究发现怜悯或温柔，是对异性最具吸引力的品质之一。所以，这个或许还有助于你的爱情生活。

阶段二：感恩

科学表明，感恩能减少焦虑，提升能量，改善睡眠，并增强社交联结感。这便是本书好几项练习都与感恩有关的原因。在这阶段，回想一下个人生活中三件让你感恩的人和事物，工作职场中三件让你感恩的人和事物，以及对于你自己三件让你感恩的人和事物。最后一个格外重要。我们经常向外界伸出索爱的贪婪之手，但是却忘记真正地爱自己。

阶段三：原谅

正如我在第 7 章所分享的一样，原谅是快乐自律的秘密武器，也是迈向卓越所需要的巅峰状态的不二法门。在这里，你将把那一章的原谅练习融入你每日的练习当中。

科学现已表明，原谅会对健康带来深远的积极影响，包括更少的背部疼痛、更优异的运动表现、更健康的心脏以及更高水平的快乐感受。在一项研究中，一小组患有慢性背痛的病人进行原谅练习，在冥想过程中他们需要将愤怒转化为怜悯和爱。这一组人和其他进行普通护理的人相比，报告显示出更少的焦虑和更轻的背部疼痛。另一项研究发现，原谅某个人会改善血压并减少心脏负荷量。着实有趣，减少心中的负能量居然真的对心脏有好处。

来自伊拉斯姆斯大学鹿特丹管理学院的郑雪在研究中发现，原谅似乎能让身体变得更为强壮。"我们的研究表明，原谅者所感受到的世界更为宽容和谅解，同时在体育挑战中表现更好。"郑雪说道。

在一项研究中，参与者在写下对曾经伤害过他们的人的原谅之词后，他们能比之前跳得更高。在郑雪的另一项研究中，参与者在写下他们曾经原谅过某人的经历之后，在山丘上所猜测的山丘陡峭程度要更小。在之前的章节，我曾分享过我自己的经历，在冥想之中练习原谅，直到无与伦比的平静排山倒海而来。这便是原谅作为六阶段的一部分的原因，它不仅强大你的身体，而且强壮你的灵魂。

阶段四：未来梦想

走到这里，我们一直关注于当下。接着在这个阶段，我们将聚焦于未来。我如今所经历的巨大成长和喜悦，都要归功于这个阶段。数年前，我便在大脑中想象过了今天的生命状态。如今，我一边享受着当下的快乐，一边在大脑中刻画着未来的模样。在这个练习中，我的大脑似乎能自动帮我找到实现梦想的最优方式。

在我在做想象练习时，我会把时间往后数 3 年。你也可以这样做。无论你看见 3 年后的什么，请将它翻倍；因为你的大脑会低估你所能做到的事情。我们往往会低估我们 3 年以后的成就，而高估我们一年以内所能做的事情。

有的人认为，修炼灵性就意味着满意于当下，没有必要再去追寻梦想。胡说。无论你在过去、现在还是未来，你都应该是快乐和满足的；但是这并不能成为你停止追梦、成长和为世界做出贡献的理由和借口。

你可以从第 8 章所回答的三个最重要的问题的答案中选一个，花几分钟的时间开开脑洞：如果你的目标实现了的话，你的生命和生活会变成什么样子呢？

阶段五：完美一天

基于你对3年之后的梦想和期待，今天你将要做什么事情去让梦想成真呢？这个阶段让你想象完美的一天，也就是今天，将要如何展开：早晨起来之后你精神饱满、神采奕奕；和同事们开了一次高效而有趣的早会；感觉脑袋里全是点子；出色地完成了展示；下班后和朋友们见面；和你的伴侣共进美好的晚餐；睡觉前和孩子们一起玩。

当你看见你的完美一天在你面前展开时，你正在启动你大脑里的网状激活系统来留意你生命中美好的一面。网状激活系统是你大脑中帮助识别模式的部分。举个生活中的例子，假设你想要买一辆车，比如说S型白色特斯拉，突然之间，你在路上便会留意到更多的S型白色特斯拉车。同样的道理，假设你正想象着今天的午餐会议将完美进行——绝妙的点子、美味的食物和极好的氛围。几个小时之后，你真的来到了午餐会议上，然而服务员把你点的菜给弄错了。因为你已经想象过完美的午餐会议，所以你不会太在意被点错的菜，而会更关注于周遭的氛围、你对面的伙伴和餐桌上的食物。你已经和你的大脑沟通过了。你看！你正在训练你的大脑去忽视消极的人和事物，而去拥抱和关注于积极的一面。你不必改变世界，你只需要改变你所关注的世界就好。而那最后会给你带来不可思议的回报。

阶段六：更高力量

无论你的宗教信仰或灵性观念是什么，你都可以进行这一阶段的练习。如果你相信有上帝或是其他神灵，你可以想象他能赐予你无尽的力量。感受这股力量从你的大脑通过你的身体，将你温柔而有力地抱住。你感觉到巨大的爱和支持。这就对了！让你自己沉浸其中，大约30秒。如果你不相信神的存在，你可以想象你与自己的潜能相联结，寻求内心的强大力量。一样地，去感受这股能量将你围绕。现在你已经充满电，精气十足，准备好再次踏上未来征途。

六阶段不只是冥想

既然冥想有这么多的好处，那为什么美国只有 2000 万人每天进行冥想练习？我在 Facebook 上询问 7 万多名粉丝，其中的不少人也填了这份问卷。我发现人们之所以没有每天进行冥想练习，往往是有着以下的过时现实认知。我们一起来瞧一瞧，并看看六阶段是如何解决它们的。

1. "我太忙了，没时间冥想。"

我把这个叫作"忙碌悖论"，因为它逻辑上并不成立。这就好像在说，"我太饿了，没时间吃饭"一样。那些定期冥想的人，比如阿里安娜·赫芬顿、未来主义者雷·库兹韦尔还有我，都知道每天 15 分钟的冥想所带来的生产力的提高从而节约下来的时间，要比花出去的这 15 分钟多。这还没算上其他的好处，比如说寿命的增长、创造力和问题解决能力的提高、一天下来快乐水平的提高等。如果我不以冥想开始我的一天，我的效率或生产力就会大不如之前。可惜的是，很多人被"忙碌悖论"所困扰。真正的原因并不是他们没有这 15 分钟，而仅仅是不知道要怎么做或具体的步骤是什么。六阶段通过提升你的生产力和效率，把你一天的时间变成了 25 小时、26 小时。如若因为太忙而不做，着实可惜。

2. "我没办法做对。"

不像是慢跑，你很容易知道你有没有做对——从 A 点到 B 点，你用了多长时间；冥想时，你也许会思绪乱窜，也许会睡着，或是感到厌烦，又或是只想等着它结束。所以，你得出结论说，冥想一点效果也没有。但这可能仅仅是你做的方式不对。六阶段提供了一种新的可能性，与传统的冥想不同，它将你的大脑保持在活跃状态。在15分钟的练习里，会有特定的里程碑可以达到。你不必再为思绪漫无目的地游荡而苦恼。积极投入，你便能找到对的方式。

3."想让我的心静下来，我真的做不到。"

中国有句话说，"思绪就像个上蹿下跳的醉猴儿"。的确如此。你不必认为只有让你的心静下来，才能冥想。这是对冥想最大的误解之一。或许在数百年前，隐士们可以非常容易地坐在山洞里完全静下心来。他们没有工作要忙，没有家人孩子要照顾，也没有信息要回。现在的世界已经大不同，冥想的方式也需要与时俱进。所以，我不提倡那种把心静下来的冥想方式。相反，六阶段让你的心和思维活跃起来。你甚至可以用它来解决特定的问题。如果你在生活或工作中有一个让你压力山大的问题，你可以把它带进冥想练习之中，从而把问题变成答案。

在这种类型的冥想中，你的大脑是活跃的；不过，你依然处于冥想状态之中，并能收获静止不动带给你的所有好处。如今，因为有了六阶段，许多繁忙的企业家或注意力很难集中的人终于可以进行冥想练习，而不必被传统的静心要求所束缚。关于这一点，我每天会收到不少来信。

一位创立并出售了世界上最大喜剧俱乐部的英国企业家约翰·戴维，在我们第一次相遇的时候告诉我：我最开始接连100天都在做六阶段练习。接着，我感觉有点厌倦，便放下没做了。刚放下没过几个礼拜，我的朋友就过来对我说，"约翰，怎么了？你又开始毛毛躁躁、焦虑不安了。"然后我才意识到，在我进行六阶段练习的过程中，我正以一种不可思议的方式改变着我自己。然而，当我停下之后，原有的压力和之前的行为模式就像漆黑的影子一样悄悄袭来。我的朋友还以为我忘记服药了。现在，我又重新拾起了六阶段练习，而且不会再停下。它简直是太神奇了。

你，准备好了吗？

如何进行六阶段练习

如何进行六阶段练习？这里没有什么条条框框。不过，有一些原则可供以参考。

什么时候练？ 一般情况下，在早晨醒来后或晚上入睡前最为容易。有些人也会选择在上班期间做。

主要是找到10～20分钟不被打扰的时间。我喜欢在早上做，因为这样会让我一整天都精神满满。不过，你也可以晚上做，如果晚上更合适你的话：想象你会睡个好觉，醒来之后迎来你的完美一天。

坐姿如何？ 你可以选择任何坐姿，对此没有特定的要求。

保持专注和清醒。 不少人在冥想时会有各种各样的思绪冒出，或是近乎昏睡。在六阶段中，你只需要让大脑正常运转和活动即可。你不必让你的脑子停止思考。如果有思绪冒出，没关系，把它放一边。或是在后面的阶段用上它。冒出来一个让你激动的目标？好极了！让它存到第四阶段：未来梦想。还有一个工作会议要开？不妨把它放到第五阶段：完美一天。有事情让你感到焦虑？请寻求更高力量的帮助和安抚。

许多人在传统的冥想练习中会打瞌睡，因为太无聊了。而在六阶段练习中，因为你的大脑是活跃的，所以你更小概率会感到困倦。如果你对此依然存有疑问，你可以下载六阶段练习的音频，按着音频里的引导练习即可。

让我们开始吧！

在这个部分，我会详细解释在每个阶段究竟要做什么。如果你是第一次做，不妨慢慢开始。你可以在第一天只做阶段一，到了第二天再加上阶段二，这样累加下去。直到第六天，你就在做着完整版的六阶段练习了。

在你开始之前，请阅读下面的引导词。如果你更想要用耳朵听，我已经整理了一个简单的6天课程，你可以免费下载，来帮助自己在6天内掌握整个六阶段。到了那个时候，你可以通过听六阶段的音频来继续你的练习。这个课程在本书的在线体验网站 www.mindvalley.com/extraordinary 上可以获得。

现在，让我们一起来探索究竟每个阶段要做的是什么。

阶段一：怜悯

请回想你深爱的一个人——他或她的脸庞和笑容足以让你的心融化。对我来说，是我的女儿伊芙。在撰写本书之际，她才两岁。她的笑容是我可以用尽一生去回答的谜语。我以在脑海中刻画她的模样及她的笑容开始。

在你回想你深爱的人的时候，伴侣、父母、孩子、好友、导师甚至是宠物，请记住那种爱和怜悯的感觉，让这种感觉充满你的心房，成为接下来继续前进的基调。

现在请把这种爱想象成一个将你围住的气泡，看见你自己在一个白色的爱的气泡里。

现在请想象这个气泡慢慢扩展开去，填满了整个房间。如果这个房间里还有其他人，请想象他们被你爱的气泡所围绕。

现在请想象气泡填满了你整个房子。你在脑袋里将这种爱的感觉传递给房子里的每一个人。你可以通过感觉将爱"发送"给他们，或是在心中重复默念着"我将爱分享给你，希望你一切安好"的方式来进行传递。

现在请想象气泡填满了你整个社区或建筑物……

你整个城市……

你的国家……

你的大洲……

现在整个地球。

对于每一个层次，请把爱和怜悯传递给这个气泡里的每一个生灵。

不必纠结于你怎么看或感受这个气泡。仅仅是将爱和怜悯分享给地球上的所有生灵这个想法，就足够了。

你已经完成了怜悯的阶段。现在到了阶段二。

阶段二：感恩

以回想在你个人生活中 3~5 个让你感恩的人和事物为开始。可能是你那张温暖舒适的床，可能是你超级喜欢的工作。不必是惊天动地的大事，生活中的小细节便已足够，比如你厨房里一杯已经做好的温咖啡。

现在，请回想你工作当中 3~5 个让你感恩的人和事物。或许是你来回通勤很方便，或许是某位同事的笑容总能让你开心起来，或是那位认可你的老板。

很好，很好。

现在到了最重要的部分，想一想 3~5 个让你感恩于你自己的事情。

可能是，你穿着你最爱的那件衣服真的很好看；可能是，你在会议当中真的能做到独立思考；可能是，你永远不会忘记一个朋友的生日；可能是，你对书籍有着自己独特的口味。

自我感恩，是一门必修课，并且要经常修。

阶段三：原谅

原谅就像肌肉一样：你锻炼得越勤快，它就越强壮。当它足够强壮的时候，你便会变得无懈可击。那些负面的人事物不会再对你造成影响。

从你在第 7 章所列出来的需要原谅的人事物开始。每一次你做六阶段的时候，关注于一件事或一个人就好。记住，那个人也可以是自己。你可以为过去自己所做的一些事情练习原谅。

接着，想象那个人或那件事。

现在你可以重复第 7 章里所提到的原谅练习三步骤。

第一步：还原场景。将你自己带入到之前的场景或画面里。比如说，我在练习原谅那个做了一个糟糕的商业决定导致数百万美元损失的自己。于是，我想象着 2005 年那个更年轻的自己坐在我的对面。

第二步：感受痛苦和愤怒。不超过两分钟（可以大致估计），让自己再次体会到那种痛苦和愤怒。咆哮出来，或是扔枕头，都是可以的。让情绪充分表达，但是不要花太久。

第三步：从原谅走向爱。练习回答我在第 7 章所提出的问题：我从中学到了什么？这件事如何让我的生活变得更好？并且请记住"伤害别人的人，也曾被别人伤害过"。不妨问：究竟是什么事情发生过，以至于让这个人这样伤害我？

在你问这些问题的时候，试着从对方的角度思考问题。原谅也许不是一次练习就可以做到，但是无论那件事再苦再痛，终有一天，那个石头会被放下。练习，练习，再练习吧。

当原谅降临时，就像一束令人惊喜的光，照进久未打开过的黑屋子。卡勒德·胡赛尼在《追风筝的人》中写道："我不禁好奇，原谅是否就像种子发芽一样，不是吹着顿悟的号角气势汹涌而来，而是裹挟着痛苦在寂静的黑夜里破土而出，不发出一丝声响。"

现在，你已经做完了六阶段的上半部分。到目前为止，你应该用掉了 6～15 分钟。这通常会花我 7 分钟。接着我们来到阶段四——所有的这些都和你未来的愿景及梦想相关。

阶段四：未来梦想

还记得你在第 8 章所写的三个最重要的问题的答案吗？在这里，它们将派上用场。从你的清单中挑选出 1～3 个。

现在，请让自己的脑洞大开，进入白日梦的状态。看到你自己正拥有着你在清单上所写的体验、成长和贡献。请记得放眼于更长的时间跨度，不妨 3 年。

让你的情绪流动起来。情绪是关键。如果你看见自己正在一个新国家里旅行，请想象自己旅途中的兴奋和激动之情。如果你轻松地掌握了一门新技能，请想象你掌握之后的自豪感和成就感。我会花 3～5 分钟在这个阶段上。如果你不擅长想象，不用着急。如果没办法看见自己实现目标时的情景，那么不妨使用作家克里斯蒂·玛丽·谢尔登所发明的一项技巧，叫作高傲询问法。比方说：为什么我这么容易就去能去到国外旅行？为什么我这么擅长于赚钱并且让钱生钱？为什么我在爱情中这么成功？为什么我能保持着自己的理想体重？对很多人来说，这样的造句法比想象练习要来得容易。或者，你可以两条腿走路，两种都用。重要的是让那个想法冒出来，因此你会看到它的身影，听到它的声响，甚至闻到它的气息——这样就对了。

阶段五：完美一天

在这里，你以一个简单的问题开始：为了实现我的三个最重要问题清单上的目标，我今天应该做什么呢？

现在，想象你的一天以完美地方式展开：通勤，和团队晨会，完成午间任务，参加午餐会议……一直到你结束手头的工作，回家，在睡觉前冥想或阅读。

就像你手中有一根魔杖一样，咻的一下，所有的事情都能完美进行。如果你容易产生负面想法或是变得怀疑，不妨采用作家埃丝特·希克斯的建议，造句："如果……那岂不是完美？"比方说，"如果我能轻轻松松地上下班，听着自己最爱的音乐，那岂不是完美？"

你可以将一天拆成好几个部分，一个个地练，直到练到上床睡觉的时间。

在你做这项练习时，请想象，或假装，自己有着控制生活的超能力。仅仅是假装一切会如此进行，也能让你的一整天充满更多的积极体验，让你感受到对生活的掌控感；即使只是把注意力更多地放在积极的人事物上。

现在，我们来到了阶段六。

阶段六：更高力量

在这里，请你想象存在着一种更高的力量，会在你的未来征途中支持和帮助着你。无论你是无神论者，还是宗教信徒，都无关紧要。这个更高的力量可以是你的文化或神话中的神，可以是圣人或先知，或甚至是某种灵性生物。如果你是无神论者，你的更高力量可以是你内在无穷的潜能。请感受这种更高力量从你的头皮，一直传递到你的额头、眼睛、脸颊、脖子、肩膀、手臂、腹部、臀部、大腿、小腿和足部。

想象你自己被一股强大的力量所保护着，护送着你一直走向遥远的未来。

现在，想象你自己对这股更高力量或能量表示感激，并看到自己准备好迎接这一天的来临。

当你准备好了，便睁开眼。恭喜你完成了全部的练习。

显性效果及隐性效果

在你练习六阶段之时，你便开始收获你可能读到过的关于冥想的所有好处了。不过因为这个练习不止于此，所以你还会收获到怜悯、原谅等所带来的益处。

六阶段提醒着你，你不仅可以保持着平和喜悦的心境，还可以成为一股给这个世界带来积极改变的力量。并且，我们绝不该放弃追寻我们美丽的梦想。

我把六阶段练习看作我每天的第一要务。这是我成功背后的首要秘诀，也是我教给别人最重要的一项技能。它所带来的影响力，我无法再强调更多。我期待听到更多你的消息，分享它对于你的影响。我邀请你写电子邮件给我，讲一讲你和它的故事，分享一下你的经历和感受。我的电子邮箱是 hellovishen@mindvalley.com。

我每 6 个月会更新一次六阶段，这是我对于六阶段的更新速率。我正在不断地试验和改良当下的版本。所以，你在网络上听到的一些版本，也许和本书的会稍有不同。不过，最新版本的练习总能在 Mindvalley 的学习平台上获得到。请不妨登录 www.mindvalley.com/ extraordinary 并注册，免费获得 6 天的课程及六阶段冥想指导版。

附录 B

人生工具箱二
随身锦囊

下面是本书中所有的定律和主要练习,你可以把它当作你的随身锦囊。

第1章:超越普世规则

我们生活在两个世界里。一个是绝对真实的物理世界。这个世界包含着我们都有可能达成一致的事物:比如火是热的。另一个是相对真实的精神世界。这个世界弥漫着种种理念、想法、概念、模式、神话和规则,渐渐发展,代代相传。婚姻、金钱、宗教和法律等概念是这里的长久居民。相对事实并不适用于所有人,然而我们却把它们当作绝对真实一样赖以为生。这些概念代代相传,或是箴言,继续引导我们前进;或是毒瘤,妨碍生活而不自知。我把这个相对真实的世界叫作普世规则的世界。

> **第一定律:超越普世规则。**
>
> 卓越之人善于看清普世规则。哪些规则该遵循,哪些该质疑或忽略,心中自明。故而,他们更倾向于踏上少有人走过的路,自己来定义什么叫做真正活过。

第2章:质疑胡扯规则

我们许多人按照普世规则强加给我们的过时规则生活着。我把它们叫作胡扯规则。胡扯规则是某个为了简化我们对世界的认知而衍生出的类似于胡扯的规则。去质疑胡扯规则,便是迈向卓越的一大步。

常见的胡扯规则

1. **胡扯规则之大学**。我们应该拿到大学文凭以确保我们的成功。

2. **胡扯规则之文化。** 我们应该和同宗教或同种族的人结婚。
3. **胡扯规则之宗教。** 我们应该依附于某一种宗教。
4. **胡扯规则之勤奋。** 我们工作足够勤奋就会成功。

练习：胡扯规则测试

你将如何快速识别一项胡扯规则？问问自己这五个问题即可：

问题一：它是否是基于对人性的信任和希望？

问题二：它是否违背黄金准则？

问题三：我是否从文化或宗教中习得？

问题四：它是基于理性选择还是传染？

问题五：它是否服务于我的福祉？

第二定律：质疑胡扯规则。

　　世间之人，大多盲目地追从着早已过期的胡扯规则。卓越之人，则在感觉这些规则和自己的梦想与追求背道而驰时，选择质疑。

第3章：练习意识工程

把意识工程看作你可以控制的人类操作系统。你的现实认知就像硬件一样：它们是你对于自己和世界的种种信念。你的行为方式就像软件：它们是你"运营"你生命的方式——从你的日常习惯,到你如何解决问题、抚养孩子、交朋友、做爱和玩乐。我们时常会更新电子产品的软硬件,但是我们许多人却以过时的信念和习惯为生而不自知。当你替换掉旧的、过时的限制性现实认知和行为方式时,你便踏上了觉察力提升和卓越人生的旅程。

练习:12 平衡领域

在下面的每一类,对该领域进行打分,1～10 分认可程度逐渐加深。如果你手边有笔的话,你可以现在直接把分数写在每一类的旁边。每一项不要想太久。通常你最初的感觉(你的直觉)是最准确的。

1. 恋爱关系。这项衡量你在当下的恋爱关系中的幸福程度。你正单身但对此怡然自得,或者正在热恋,或者正在追求某人。你的打分(　　)

2. 朋友关系。这项衡量你的交际网络的牢固程度。你是否有至少 5 个能为你两肋插刀并乐于交往的朋友?你的打分(　　)

3. 冒险经历。你花多少时间用于旅行、体验世界和做那些带给你刺激和新奇体验的事情?你的打分(　　)

4. 生存环境。这项衡量你所在的外在环境的质量,一般来说是指你花时间所待的地方,包括你住的地方、你的出行方式、你的工作环境——甚至包括旅行。你的打分(　　)

5. 身体健康。基于你的年龄,你会对你的健康或身体状态打多少分?你的打分:(　　)

6. **学习生活**。你成长和学习了多少？多快？你阅读了多少本书？你一年参加多少个讲座或课程？教育，不应止步于你大学毕业。你的打分（　　）

7. **个人技能**。你多频繁地提升你的核心技能，以助力你的职业发展？你正在精益求精？还是止步不前？你的打分（　　）

8. **灵性生活**。你花多少时间在灵性的、冥想式的或沉思式的练习，以帮助你保持心灵上的安宁与喜悦？你的打分（　　）

9. **职业生涯**。你是处于职业上升期？还是陷入泥泞？如果你有自己的生意，它是正繁荣发展还是止步不前？你的打分（　　）

10. **创意生活**。你是否绘画、写作、演奏乐器或者参与其他帮助你表达创意的活动？消费者和创造者，你偏向于哪一个？你的打分（　　）

11. **家庭生活**。在辛苦工作一天之后，你是否想要回家和家人待在一起？如果你还未结婚生子，你的家人便是你的父母和兄弟姐妹。你的打分（　　）

12. **社区生活**。你是否贡献于你所在的社区或社会，并扮演者一定的角色。你的打分（　　）

第三定律：练习意识工程

　　卓越之人明白现实模式和行为方式是自我成长的两大领域，他们小心翼翼地选择采用最有效的现实模式和行为方式，并时常加以更新。

第 4 章：改写现实认知

对于我们自己及自己的人生，你想要相信什么，这取决于我们自己——并给予孩子们同样的选择权。下面的练习将帮助你重写自己的现实认知。试着和你的孩子也一起做做，如果他们想不到有什么是让自己喜欢的，你不妨分享你喜欢他们什么。

练习：感恩练习

花几分钟想一想今天是否有 3～5 件让你感恩的事情。小到一抹微笑，大到一次升职。

练习："我喜欢上自己的 1001 件事"练习

想一想 3～5 件让你喜欢上自己的事情。或许是你身上的某种品质，或是今天某个让你自豪的行为。也许是你特有的幽默感，也许是你在危机之中的冷静态度，也许是你的头发，或一次投篮。每天花几分钟时间，好好认可一下自己的可爱之处。

外在现实认知

我们的内在现实认知，或说自我信念，威力不凡。不过我们的外在现实认知——我们对于世界的信念，同样不容小觑。在我决定接受下面这四项新的外在现实认知之后，我的生命发生了巨大的积极变化：

1. 我们都具有人类直觉性。
2. 心灵对身体具有疗愈功能。
3. 快乐是工作的新生产力。
4. 追求灵性不一定要有宗教信仰。

练习：在 12 平衡领域中检测你的现实认知

1. 恋爱关系。你期望在一段亲密关系中获得什么？付出什么？你是否相信你值得被爱？

2. 朋友关系。你如何定义朋友关系？

3. 冒险经历。你如何定义冒险经历？

4. 生存环境。待在哪儿你感觉最为开心？你对于你现在居住的地方和居住的方式是否满意？

5. 身体健康。你如何定义身体健康？你如何定义健康饮食？你觉得自己保养得很好还是越来越不如从前？

6. 学习生活。你投入多少到学习和自我成长当中？

7. 个人技能。什么阻碍着你学习新的技能？

8. 灵性生活。你相信什么类型的灵性价值观？

9. 职业生涯。你对工作的定义是什么？你觉得你拥有成功所需要的东西吗？

10. 创意生活。你认为你是充满创意的吗？

11. 家庭生活。你认为作为人生伴侣、儿子或女儿的主要角色是什么？你的家庭生活是否让你满意？

12. 社区生活。你认为一个社区的最高目标是什么？你觉得你有能力做出贡献吗？

改写现实认知的两个工具

下面有两项快速技巧供以使用,帮助你去除那些可能在日常生活中习得的负面现实认知。两者都是基于在你无意识地接受一个现实认知之前激发你的理性头脑的原则。这两项技巧如下:

技巧一:判断我的现实认知是绝对真实还是相对真实?

技巧二:判断这是实际发生的,还是我自己所制造的附加含义?

> **第四定律:改写现实认知。**
>
> 卓越之人的现实认知让他们自我感觉良好,并为他们心中的梦想助以一臂之力。

第 5 章:更新行为方式

我们太多人忙得没有时间思考,思考我们的做事策略,或做事初心。卓越之人总是寻求和更新他们的行为方式,并对这些行为方式的效果进行衡量。

你的行为方式的效果如何?是时候升级了吗?

练习:你的更新速率是多少

你最近有更新过这些领域中的任何行为方式吗?下面是 12 个平衡领域,对于每一个领域和主题,我都推荐了我自己最爱的书籍,或许能给你带来新的想法。

1. 恋爱关系。《男人来自火星,女人来自金星》(*Men Are from*

Mars, Women Are from Venus），作者约翰·格雷（John Gray）。

2. **朋友关系**。《人性的弱点》(*How to Win Friends and Influence People*)，作者戴尔·卡内基（Dale Carnegie）。

3. **冒险经历**。《致所有疯狂的家伙》(*Losing My Virginity*)，作者理查德·布兰森（Richard Branson）。

4. **生存环境**。《大思想的神奇》(*The Magic of Thinking Big*)，作者戴维·施瓦茨（David Schwartz）博士。

5. **身体健康**。男性：《防弹饮食》(*The Bulletproof Diet*)，作者戴夫·亚斯普雷（Dave Asprey）。女性：《维珍饮食》，作者维珍。

6. **学习生活**。有什么方式比学习快速阅读以及提升记忆力更能优化你的学习生活？我推荐吉姆·奎克（Jim Kwik）的课程。

7. **个人技能**。《每周工作 4 小时》(*The 4-Hour Workweek*)，作者蒂姆·菲利斯（Tim Ferriss）。

8. **灵性生活**。《与神对话》(*Conversations with God*)，作者尼尔·唐纳·瓦尔施（Neale Donald Walsch）；《一个瑜伽行者的自传》(*Autobiography of a Yogi*)，作者尤伽南达（Paramahansa Yogananda）。

9. **职业生涯**。《离经叛道》(*Originals*)，作者亚当·格兰特（Adam Grant）。

10. **创意生活**。《艺术之战》(*The War of Art*)，作者斯蒂文·普莱斯菲尔德（Steven Pressfield）。

11. **家庭生活**。《爱的掌握》(*The Mastery of Love*)，作者唐·米格尔·路易兹（Don Miguel Ruiz）。

12. **社区生活**。《奉上幸福》(*Delivering Happiness*)，作者谢家华（Tony Hsieh）。

练习：你的绝对底线

一旦你更新了你的行为方式，不妨使用绝对底线来防止自己退步，并且在倒退的情况下能重新回到之前或甚至更高的水平。

第一步：确定你想要划定底线的领域
从 12 平衡领域中选取几个你想要看见进展的领域。

第二步：划定你的底线
在这几个领域中设定具体可实现的目标。

第三步：测试并调整你的底线
如果你没办法达到你的底线，请立马开启"底线调整程序"（参见第四步）。

第四步：合理提高底线
当你达不到你的底线时，设定一个目标，比之前的底线要多那么一点点。现在你不仅不再"逆水行舟，不进则退"，反而节节攀升。

超越练习

相比于照顾我们的身体而言，我们的确忽视了照顾我们的心灵。一早醒来，充满了压力、不安、恐惧和焦虑，我们的社会环境把这视若正常，但并不是。我们可以更新行为方式，以摆脱这些负面感受。我把这些行为方式叫作超越练习，包括感恩、冥想、同情和祝福。每天只需要几分钟，便能清扫你大脑中的垃圾，带给你能量、乐观和一天的清晰目标。

> **第五定律：更新行为方式。**
>
> 　　卓越之人会持续地花时间发现、升级和衡量新的行为方式，无论是工作，还是生活，或是心灵。他们走在不断成长和自我革新的道路之上。

第 6 章：改造现实世界

　　随着你开始尝试意识工程，试验新的现实认知和行为方式，生活开始感觉如天空般宽广，如过山车般刺激。你正在升级着自己的生命，我把这叫作改造现实世界。在这种状态之下，有两种重要的特征：

- 你有一个远大的未来愿景，不断拉着你前进。
- 你在当下的这个时刻里，是快乐的。

　　你的愿景不断拉着你前进，使得工作感觉并不像是工作，而像是一种游戏，一种你爱玩的游戏。

练习：8 项陈述

　　下面这个简单的 8 项陈述练习，将帮助你了解自己处于改造现实世界这个状态的什么阶段。答案没有对错之分，这只是为了让你看见自己现在在哪儿。

　　1. 我热爱我目前的工作，以至于这感觉不像是工作。

　　　　　一点也不像我　　有点像我　　非常像我
2. 我的工作对我来说，是有意义的。
　　　　　一点也不像我　　有点像我　　非常像我
3. 工作时，我经常感觉非常快乐，以至于时光飞逝。
　　　　　一点也不像我　　有点像我　　非常像我
4. 当事情出了差错，我一点儿也不担心，我知道好事还在后头。
　　　　　一点也不像我　　有点像我　　非常像我
5. 我对未来充满期待，知道更好的东西正在来的路上。
　　　　　一点也不像我　　有点像我　　非常像我
6. 压力和焦虑似乎对我没有影响，我相信我能实现我的目标。
　　　　　一点也不像我　　有点像我　　非常像我
7. 我向往未来，是因为我有着独特且大胆的目标。
　　　　　一点也不像我　　有点像我　　非常像我
8. 我会花时间畅想未来。
　　　　　一点也不像我　　有点像我　　非常像我

如果你对第一到第四项陈述的回答是"非常像我"，那么你很可能处于"当下快乐"的状态。

如果你对第五到第八项陈述的回答是"非常像我"，那么你很可能处于"憧憬未来"的状态。

如果你这8项陈述全部回答"非常像我"，那么你很可能处于"改造现实世界"的状态。

大多数人，要么处于"当下快乐"的状态，要么处于"憧憬未来"的状态；很少有人处于"改造现实世界"的状态。

> **第六定律：改造现实世界。**
>
> 卓越之人能够改造现实世界。他们有着大胆而令人激动的未来愿景，不过他们的快乐并没有被这些目标所绑架。每一个当下，快乐常随。这样的平衡状态让他们能更快地朝愿景前进，并享受着沿途的快乐。从外界来看，他们似乎被幸运之神所眷顾。

第 7 章：实践快乐自律

你知道有一种简单的方式可以让你掌握当下快乐的秘诀，并体验真正的喜悦？我把它叫作快乐自律：把快乐当作一种自律。它包括三大秘诀：

快乐自律秘诀一：感恩。

快乐自律秘诀二：原谅。

快乐自律秘诀三：付出。

快乐并非是什么没法控制的、看不见摸不着的状态，它是一项可训练的技巧。下面的练习将助你掌握快乐自律。

> **练习：日常感恩练习**
>
> 我们大多数人在寻求快乐时，会朝未来看。殊不知快乐就在你的指尖、你的身边。对你生命中已经得到的人和事物抱以感恩之心，快乐便会在当下浮现。每天早晨和夜晚，不妨花几分钟时间想一想：

在你的个人生活中，3～5个让你感恩的人和事物

在你的工作领域里，3～5个让你感恩的人和事物

这些可大可小，只要对你来说是有意义的即可。花5～10秒钟，让积极的情绪从这些人和事物里自然浮现。还可以试着将这项练习和他人一同分享，比如说你的孩子或你的伴侣。

练习：真正原谅，解放你自己

将心中的怨恨和愤怒一点一滴地释放，这是获得平静且强大的心境最有效的途径。如同快乐一样，原谅也是可被训练的技巧。它同样也是快乐自律的秘诀之一。这里我将分享我在"禅宗四十年"项目里所学到的原谅练习的简化版本。

准备

将你感觉曾经让你不舒服或是伤害过你的人的名单列出来。这也许不是一件容易的事，尤其是如果你心中有一块非常痛的伤疤或是经年久月的旧伤。对自己温柔一些。如果你准备好了，从你的名单里选一个人，开始练习吧。

第一步：还原场景

请闭上眼，将自己带回过去，感觉自己就在事件发生的那个场景里，大约两分钟。想象周遭环境。

第二步：感受痛苦和愤怒

当你看见那个曾经伤害过你的人站在你面前时，请让情绪自然

流出。不过，这一步不要太久，几分钟即可。

第三步：从原谅走向爱

在你看着那个人的时候，请怀着同情和怜悯。想一想，他或她的生命中，究竟经历了怎样的痛苦和愤怒，才让其做出那样的行为？问问你自己：我从中学到了什么？这件事如何让我的生活变得更好？

之后，你对这个人的负面感受会减少一些。重复该过程，直到你全然放下向爱走去为止。对于情节严重的，可能会花上好几个小时或几天。"从原谅走向爱"不意味着可以接受那个人的行为，你依然要保护自己，并采取必要行动。尤其是犯罪行为，你需要向警局报告。不过当你彻底原谅之后，那件事带给你的痛苦再也不会将你吞噬。

练习：付出练习

第一步：列出你所有可以给予别人的事物

包括：时间、爱、理解、同情、技能、想法、智慧、能量、物理上或身体上的帮助，还有呢？

第二步：深入并具体化

什么样的技能？会计、写作、辅导、技术支持、法律帮助、办公技能还是艺术技能？什么样的智慧？职业经验、育儿经还是帮助别人处理你曾经经历过的事情，比如从一场疾病中恢复或曾是某个犯罪活动的受害者？什么类型（物理上或身体上）的帮助？修理物品、照顾老人、烹饪食物还是为盲人读书？

第三步：想一想你在哪里可以给予帮助

在你的家里或家族里？在工作场所？在你的街坊邻居中？你所在城市？本地企业？灵性群体？本地图书馆？青年组织？医院或是疗养院？政治性组织或是非营利性机构？或者为哪些被忽视的议题发声或创立一个群体？

第四步：追寻你的直觉

回顾你的清单，对那些你感觉有所冲动的条目进行标记。

第五步：采取行动

对那些带给你机会的机缘巧合保持机警，探索多种可能性。

第七定律：实践快乐自律。

卓越之人明白快乐由内而生。在每一个当下，他们以快乐作舟，朝未来的目标和愿景驶去。

第 8 章：创造未来愿景

我们很多人在很早的时候就需要对职业做出选择，而那时我们甚至还没到合法买酒的年龄，我们怎么可能知道我们究竟想要什么？但是当我们足够"成熟"了，开始系统化地做目标设定之后，我们到头来等到目标实现了，依然不开心，因为大部分现代目标设定工具有着基本性的缺漏。

我们被训练着设定各种"手段"——通向某个真正目标的一种方式——通常是为了符合或满足某些社会的胡扯规则。相反，真正的目标是你内心的声音，是你的兴奋点所在，是你最终极的追求。追寻终极目标会加快你迈向卓越的步伐，三个最重要的问题练习将帮你直接跳到对你真正重要的目标上。

练习：询问自己三个最重要的问题

一大问：在这一生当中，你想要体验什么样的经历？

如果时间和金钱都不是问题，我也不需要寻求任何人的同意，我的灵魂真正渴望的经历是什么？

1. 恋爱关系。请生动地描述你理想的恋爱关系。第二天清晨醒来，你期望旁边那个人是谁？

2. 朋友关系。在一个理想的环境下想象你的社交生活：什么样的人？什么样的场合？什么样的对话？什么样的活动？

3. 冒险经历。什么样的冒险会让你的灵魂也歌唱起来？

4. 生存环境。在脑海中想象你处在自己最爱的环境中的感觉。你理想中的家、车和旅行目的地会长什么样子？

二大问：你想要如何成长？

为了拥有上面的这些经历，我将必须如何成长？我需要进化成什么样的男人或是女人？

5. 身体健康。请描述一下自己理想中的模样？感觉如何？5年、10年、20年之后的呢？

6. 学习生活。为了拥有你所列出的那些经历，有什么是你所需要学习的？有什么是你想要学习的？

7. 个人技能。什么样的技能可以帮助你在工作中大放异彩？如果你突然想要改变你的职业方向，有什么技能是需要的？有什么样的技能是你单纯为了兴趣而想要学习的？

8. 灵性生活。什么样的灵性练习是你的最高目标？

三大问：你想要如何做出贡献？

如果你已经拥有了上面的那些经历和成长，那么你将如何回报给这个世界？

9. 职业生涯。你的职业愿景是什么？你想在你的领域做出什么贡献？

10. 创意生活。什么样的创意活动是你乐于去做的？或想去学习的？什么样的方式是你可以让你的创意得以表达的？

11. 家庭生活。想象你和家人待在一起的感受，不是抱着一种你不得不做的心态，而是以一颗愿意投入的真心。你们正在一起分享什么样的经历？什么独特的贡献是你想要给这个家庭做出的？请记住你的家庭不必是一个传统的家庭，你可以把那些你真正所爱的人和想要花时间在一起的人看作是你的家人。

12. 社区生活。这个社区可以是你的朋友、邻居、城市、省市、国家、宗教群体或是世界大家庭。你想要如何贡献于你的社区？看一看所有让你之所以成为你的一切，你想要在这个世界上留下什么样的印记？并让你兴奋不已，获得深深的满足。

> **第八定律：创造未来愿景。**
>
> 　　卓越之人所创造的未来愿景并非他人所期，而是心之所向。他们关注于能真正带来快乐的终极目标。

第9章：修炼强大内心

　　卓越之人浑身上下充满着能量，并时刻准备着将他们最大胆的梦想和目标在这个星球上实现。如果你也想要这样，那么你必须跨越你心中的恐惧。幸运的是，就像你在书中所学到的不少技巧一样，一颗强大的内心也是可以修炼的。这主要涉及两项现实认知：

　　自给自足式目标。对于这种目标，你对它有着绝对的控制，没有外物或他人能从你这里将它夺走。比如：持续地被爱所围绕。

　　你是足够的。如果你想要证明自己，这会让你不停地从外界寻求认可，这是一条不归之路。它让你失去了对生命的力量感。当你意识到自己本是足够的时候，你心中的伤痕便会慢慢愈合，变得完整——到那个时候，你才能更好地将你的爱分享给你自己、其他人和整个世界。

　　秘籍一：镜子里的人，练习爱自己

　　站在镜子面前，看向你自己的眼睛，并对自己重复说："我爱你。"重复练习，直到感觉对了即可。

　　秘籍二：自我感恩，练习自我认同

　　保证自己每天练习"我喜欢上自己的1001件事"（参见第4章）。

　　秘籍三：活在当下，练习对抗突如其来的恐惧和焦虑

　　借助当下的力量，将自己从压力和焦虑中拉出来，回到此时此刻的平静和快乐之中。只需花一分钟左右，把注意力放在当下的某个具体细节之中，比如：照在某个物体上的阳光、你自己手掌的美丽纹路或是你呼吸的一起一落。

> **第九定律：修炼强大内心。**
>
> 卓越之人不需要获得外界的认可，也不需要通过实现目标来证明自己。他们和自己、和世界，自在地相处。他们心中无所畏惧，宠辱偕忘，快乐和爱由内而外地生长。

第 10 章：踏上未来征途

当我想起我所知道的那些卓越之人，便想起他们的独特之处在于他们心存高远，为着一个更大的目标而四处奔走，所以传统的教条和工作的限制无法将他们困住。一股积极的能量从他们内心中生发出来，他们将那股积极能量注入自己对愿景的追求和热爱当中。

使命是你对于人类的贡献所在。使命让我们给子孙后代留下一个更好的星球。它可以是你正在创作的一本书，可以是养育出与众不同的孩子，可以是为和你有着共同改变世界目标的公司而效力。当你追寻自己的使命时，你的生命将充满激情和意义。在正确的练习之下，每个人都有机会达到这种自我实现的状态。

世界上最卓越之人没有职业。他们所有的，是使命。

探索你的天命

如何找到你自己的使命？我所知道的有两种方式：一种从脑出发；另一

种从心出发。你可以把两种结合在一起。

作家、演说家兼网站 projectheavenonearth.com 的创始人马丁·鲁特，建议你询问自己这三个问题，以帮助你快速确认你的使命。

第一个问题：回想某一次你感觉像是身处天堂的经历。那时发生了什么？

第二个问题：想象你有一个魔法棒，你可以用它在地球上变出一个天堂。对你来说，那个天堂长什么样子？

最后一个问题：在接下来的 24 小时里，有什么简单易行、具体可操作的事情是你可以来做的，来让这个天堂在地球上成真？

> **第十定律：踏上未来征途。**
>
> 　　卓越之人被一种使命或天命所驱动，想要为世界创造积极的改变。这种驱动力引领着他们不断向前，做出有意义的贡献，并享受意义非凡的人生之旅。

在 线 体 验

创造属于你自己的账号
线上线下自由穿梭

软件：进一步深入你感兴趣的话题

本书还附带对应定制化的软件，里面包含着好几个小时的附加内容、练习方法和培训课程，不一而足。如果你喜欢本书中我所提到的任意一位思想家的想法，你便可以在软件上看到我对他的全部采访视频，从而深入了解。如果你真的很喜欢我所分享的某项技巧，你可以在软件上获得我的辅导视频，带领你进行练习。你可以在线上体验中发现海量精美图片和各种绝妙想法，所有的这些你用电脑、安卓手机、苹果手机都可以获得到。你既可以花几个小时阅读本书里的内容，也可以用几天时间好好琢磨完整版的内容。一切尽在 www.mindvalley.com/extraordinary。

社交学习平台：和作者及其他读者分享交流

就像我写的一样，本书是有关于质疑生活里的种种观念和习惯。于是，我开始把质疑的箭头瞄准传统书籍。我发现传统书籍的一个问题是，读者与读者之间、读者与作者之间很难进行互动。我决定通过本书解决这个问题。我让我的团队研发了一个社交学习平台，在这个平台上，作者和读者可以相互接触、共同学习。这在当下还是件新鲜事，你不仅可以和其他读者互动、分享想法，甚至还可以和我直接沟通。只要你报名了线上体验，你便可以在手机或电脑上通过登录 www.mindvalley.com/extraordinary 里的线上课程链接到社交学习平台。或许，这会让本书成为历史上最为"科技控"的一本书。

请登陆网站
www.mindvalley.com/extraordinary
创建属于你自己的账号。

在线体验十大特色

1. **在线课程**。将带着你练习每一章的重点部分。视频、音频和更深入的引导应有尽有。

2. **六阶段在线课程**。将提供本书中所提到的众多超越练习的培训课程。你可以下载到你的安卓手机、苹果手机或是电脑里。

3. **完整的人物访谈视频和音频**。包括彼得·戴曼迪斯、阿里安娜·赫芬顿、肯·威尔伯、迈克尔·贝克威斯、埃米莉·弗莱彻等。

4. **A-Fest 上演讲嘉宾视频**。包括莫蒂·莱弗科和玛丽莎·皮尔。

5. **《卓越设计》课程**。将带着你在 12 个平衡领域里有意识地创造出非凡的成绩。

6. **三个最重要的问题练习指导**。帮助你在 10 分钟内创造你自己的灵魂蓝图。

7. **地球上的天堂练习指导**。帮助你找到自己的天命。

8. **加入读者在线社区**。在我们定制化的社交学习平台上,相互切磋学习。你既可以分享你自己的想法和点子,也可以从其他读者那里学习。

9. **幕后花絮**。本书背后的各种际遇和故事,包括和布兰森的会面、拜访亚马逊雨林。

10. **免费更新**。包括未来更多章节、视频和各种想法见解,全部都在"在线学习平台"上。

线上线下自由穿梭

获得所有的视频、更深入的免费培训课程,再加上和作者及其他读者在独一无二的学习平台上互动,只需要登录:www.mindvalley.com/

extraordinary。

和我保持联系

我超喜欢和我的读者保持联系。你可以通过下面的途径联系到我：

1. 加我 Facebook 好友。这是我自己的账号，而不是粉丝主页。去到 www.facebook.com/vishen 点击"申请好友"。这是到目前为止联系我的最好方式。我每周会分享一些洞悉和引发思考的帖子。

2. 加入本书的在线社区。我会经常在上面答疑解惑。请登录：www.mindvalley.com/extraordinary。

3. 订阅我的电子报：VishenLakhiani.com。

4. 更多反馈或想法，不妨写电子邮件给我，我的电子邮箱是 hellovishen@mindvalley.com。

参 考 文 献

BEAUTIFUL DESTRUCTION: A situation where a part of your life is destroyed, only to make way for better and bigger things to come to you.

BENDING REALITY: The idea that our consciousness can shape the world around us and that luck is within our control.

BLISSIPLINE: The discipline of daily bliss. The process of consciously raising one's happiness level by adopting specific systems for living, including transcendent practices. See also Transcendent practices.

BLUEPRINT FOR THE SOUL: A person's written answers to the Three Most Important Questions.

BRULE: A bulls**t rule. An element of the culturescape that an individual has decided to ignore or dismiss as untrue or irrelevant to that individual's worldview.

BUSYNESS PARADOX: The fallacy of thinking one is too busy to meditate—similar to saying, "I'm too hungry to eat."

COMPUTATIONAL THINKING: A process that generalizes a solution to open-ended problems. Open-ended problems encourage full, meaningful answers based on multiple variables, which require using decomposition, data representation, generalization, modeling, and algorithms.

CONSCIOUSNESS ENGINEERING: A method to optimize learning and hacking of the culturescape by gaining awareness of the models of reality and systems for living that may have intentionally or unintentionally been adopted from the culturescape.

CULTURE HACKING: The technique of changing the culture (beliefs and practices) of a group (as in workspace, company, family, school) by using tools to create positive advancements in the group culture. It's applying consciousness engineering within a group to allow the members to grow and work together better. See also Consciousness Engineering.

CULTURESCAPE: The world of relative truth, which is made up of human ideas, cultures, mythologies, beliefs, and practices.

CURRENT REALITY TRAP: The state of feeling happy in the now but without a vision for the future. While this state may bring temporary happiness, it won't bring fulfillment.

DO-DO TRAP: The condition of being so busy *doing* that there is no time to step back and think about *how* and *why* one is doing things.

END GOAL: An ultimate aim or destination—often discerned by following one's heart and feelings; the opposite of a means goal. See also Means goal.

FOUR STATES OF HUMAN LIVING: Four conditions of life, each having a different level or balance (being pulled forward by a bold vision for the future and being happy in the now): 1) the negative spiral, 2) the current reality trap, 3) stress and anxiety, and 4) bending reality.

GODICLE THEORY: The idea that human beings are particles of God and are thus endowed with certain God-like abilities such as the ability to bend reality.

HUMANITY-MINUS COMPANY: A business whose product may fill an unsustainable or artificially-created demand and that leaves the world and the human race worse off.

HUMANITY-PLUS COMPANY: A company that pushes the human race forward; for example, companies focusing on clean, renewable energy sources, companies that promote healthy living, or companies working on new ways to live on the planet.

KENSHO: A gradual process of positive personal growth that often happens through the tribulations of life. This positive growth may not be noticeable while it is happening. See also *Satori*.

LOFTY QUESTIONS: A method of asking positive questions during a transcendent practice as described by author Christie Marie Sheldon; an alternative to affirmations and problem-focused personal growth practices; for example, *How am I finding so many ways to give and receive love?* instead of *Why can't I find a love relationship?*

MEANING-MAKING MACHINE: A syntax in the human brain that attempts to attach meaning to situations that often are random, have no implied meaning, or do not have the meaning that has been attached.

MEANS GOAL: A goal (sometimes a Brule) mistakenly identified and pursued as an end in itself, when in fact it is simply a means to a larger, more fulfilling end. See also Brule and End goal.

MODELS OF REALITY: Beliefs about the world that play out in one's experiences of the world, unconsciously or consciously; analagous to hardware in a computer. See also Systems for living.

NEGATIVE SPIRAL: The painful state of not being happy in the now and not having a vision for the future.

PRESENT-CENTEREDNESS: Becoming focused on the present as a technique for finding happiness in the now and raising one's happiness set point.

REFRESH RATE: How frequently a person updates his or her systems for living.

RETICULAR ACTIVATING SYSTEM (RAS): The component of the brain that registers patterns; certain transcendent practices prime the RAS to notice the positives over the negatives in life situations.

REVERSE GAP: As explained by Dan Sullivan, the space, or gap, between the past and the present and the events that fill it—the best place to focus on when practicing gratitude and a far more reliable source of happiness than focusing on the forward gap (anticipating happiness in the future), as most people do.

SATORI: A sudden spurt of positive personal growth that happens by awakening; a life-changing insight that occurs without warning and lifts a person immediately to a new plane. See also *Kensho*.

SET POINT: A non-negotiable benchmark that is easily measurable and helps you measure your level of growth or maintenance.

SIX-PHASE MEDITATION: A meditation program rooted in science that takes just fifteen minutes a day and draws on many different methods to bring practitioners a rewarding and optimized meditation experience they can personalize to their own schedule, needs, and life.

SYSTEMS FOR LIVING: Structured habits and processes for living aspects of life, from play to work to growth. A repeated (and, ideally, an optimized) pattern for getting things done; analogous to software in a computer or apps. See also Models of reality.

THREE MOST IMPORTANT QUESTIONS: Three pivotal questions for setting expansive, fulfilling goals on the path to bending reality.

TRANSCENDENT PRACTICES: Optimized systems for living that nurture the mind and spirit and take practitioners beyond or above the range of normal or merely physical human experiences. Examples include exercises in gratitude, meditation, compassion, and bliss. See also Blissipline.

TWELVE AREAS OF BALANCE: Twelve key domains of a balanced life: your love relationship, your friendships, your adventures, your environment, your health and fitness, your intellectual life, your skills, your spiritual life, your career, your creative life, your family life, your community.

UNFUCKWITHABLE: According to Internet memes: "When you're truly at peace and in touch with yourself. Nothing anyone says or does bothers you and no negativity can touch you."

致　　谢

我由衷地感谢：

Ajit Nawalkha 和 Kshitij Minglani——感谢你们作为我的最佳商业顾问。

我在 Mindvalley 的领导团队：Veena Sidhu、Hannah Zambrano、Ezekiel Vicente、Eric Straus、Klemen Struc、Jason Campbell、Troy Allen 和 Gareth Davies——感谢你们在我从 CEO 的岗位离开以撰写本书时，依然保证着公司的正常运营。

所有不断支持和指导着我的伙伴、支持者和老师们，包括：Juan Martitegui、Luminita Saviuc、Mia Koning、Kadi Oja、Tanya Lopez、Khailee Ng、Amir Ahmad、Ngeow Wu Han、Mike Reining、Cecilia Sardeo、Ewa Wysocka、Justyna Jastrzebska、Renee Airya 和 Carl Harvey。

我生命中的导师和疗愈师：Christie Marie Sheldon、Yanik Silver、Greg Habstritt、Burt Goldman、Jose Silva、Harv Eker、Jack Canfield 和 Neale Donald Walsch。

我的合作者 Toni Sciarra Poynter——感谢你时刻督促着我，让我一直走在正轨上，并超乎我期望地让本书大卖。

我的编辑 Leah Miller 和罗代尔出版社的团队——感谢你们对我的信

致 谢

任。还有 Maria Rodale——感谢你对我的支持。

Celeste Fine、John Maas 和我在 Sterling Lord Literistic 的代理商——感谢你们作为我的旅程的起点。

本书的制作和技术团队：Colton Swabb、Gavin Abeyratne、Chee Ling Wong、Paulius Staniunas、Ronan Diego、Krysta Francoeur、Sid-dharth Anantharam、Tania Safuan、Mariana Kizlyk、Shafiu Hussain、John Wong 和 TS Lim——感谢你们设计并制作本书和相关的网站。

Ashley、Carrie 和在 Triple 7 PR 的公关团队。

Mindvalley 的视频制作团队：Crystal Kay、Anton Veselov、Kuhan Kunasegaran、Mildred Michael、Matej Valtrj、Al Ibrahim、Mimi Thian、Shan Vellu、Khairul Johari、Triffany Leo、Alexandria Miu、Angela Balestreri 和 Jacqueline Marroquin——感谢你们为在线体验拍摄并制作相关视频。

我在 Mindvalley 的全部团队、客户、订阅者和粉丝们。

我在 A-Fest 上的小组成员、意识工程的学生们以及 Facebook 上的粉丝们——感谢你们让我每天超级喜欢我的工作。

彼得·戴曼迪斯、阿努什·安萨里（Anousheh Ansari）及其他 X 大奖基金会成员——感谢你们一直激励着我向更远的目标进发。

蜕变式领导力委员会（Transformational Leadership Council）的成员们——感谢你们帮助我从世界上最具智慧的人身上学习从而成长。

AIESEC 密歇根大学分会的同事：Jon Opdyke、Vardaan Vasisht、Cindy Vandenbosch、Jennifer Starkey、Hana Malhas 和 Omar Kudat。

向本书贡献了无数智慧的导师们：

理查德·布兰森——感谢你提出让我撰写本书的建议。

致 谢

埃隆·马斯克——感谢你作为上帝粒子的有力证明。

阿里安娜·赫芬顿——感谢你作为我女儿的偶像和楷模。

狄恩·卡门，美国发明家——感谢你伟大的发明。

乔恩·布彻——感谢你分享你的人生书。

肯·威尔伯——感谢你教给我各种理解世界的模型。

迈克尔·贝克威斯——感谢你和我分享你的智慧。

玛丽莎·皮尔——感谢你的蜕变式催眠课程。

戴夫·亚斯普雷——感谢你的"禅宗四十年"项目。

帕特里克·格鲁福——感谢你挑战我的思维极限。

埃米莉·弗莱彻——感谢你分享关于冥想的真相。

克里斯蒂·玛丽·谢尔登——感谢你对我的疗愈。

托尼·罗宾斯——感谢你邀请我去你的私人度假区进修。

哈福·艾克（T. Harv Eker）——感谢你作为我的朋友和导师。

谢莉·莱弗科——感谢你让我成为一个更好的父亲。

迈克·杜利——感谢你每天带给我启发性的分享。

桑妮亚·乔凯特（Sonia Choquette）——感谢你教会我使用我的直觉。

乔·瓦伊塔尔（Joe Vitale）——感谢你教会我区分灵感和意图。

维珍——感谢你助力我着手创作本书。

乔·波兰——感谢你的关心和照顾。

丽莎·妮可丝（Lisa Nichols）——感谢你对我的信任。

鲍勃·普罗克特（Bob Proctor）——感谢你不断推着我朝更大的梦想进发。

莫蒂·莱弗科——感谢你在离开之前所分享的智慧，希望你在天堂里过得开心。能够把你生前最后的演讲和访谈分享给本书的读者，是我的巨大荣幸。